知乎

有问题 就会有答案

真菌词典

Fungipedia

A Brief Compendium of
Mushroom Lore

［美］劳伦斯·米尔曼 著

［美］埃米·琼·波特 绘

傅力 唐乃馨 译

孙翔 审校

李静 特约审译

贵州科技出版社
·贵阳·

著作权合同登记　图字：22-2023-021号

图书在版编目（CIP）数据

真菌词典 /（美）劳伦斯·米尔曼著;（美）埃米·琼·波特绘;傅力,唐乃馨译. -- 贵阳:贵州科技出版社, 2024.6

ISBN 978-7-5532-1241-8

Ⅰ.①真… Ⅱ.①劳… ②埃… ③傅… ④唐… Ⅲ.①真菌—词典 Ⅳ.①Q949.32-61

中国国家版本馆CIP数据核字（2023）第143091号

真菌词典
ZHENJUN　CIDIAN

出版发行	贵州科技出版社
地　　址	贵阳市观山湖区会展东路SOHO区A座（邮政编码：550081）
出 版 人	王立红
责任编辑	李青
封面设计	周伟伟
版式设计	黄婷
经　销	全国各地新华书店
印　刷	河北中科印刷科技发展有限公司
版　次	2024年6月第1版
印　次	2024年6月第1次印刷
字　数	172千字
印　张	10.25
开　本	880mm × 1230mm　1/32
书　号	ISBN 978-7-5532-1241-8
定　价	72.00元

本书献给所有的真菌，
甚至是有毒的真菌，
以纪念它们给我带来了惊奇和乐趣，
并且常常使我谦卑。

世界依赖真菌，因为它们是世界中物质循环的主要参与者。

——E. O. 威尔逊

留意蘑菇，所有其他的问题都会迎刃而解。

——A. R. 阿蒙斯

目睹蘑菇生长的刹那，对我来说是一种极其迷人的经历。

——约翰·凯奇

真菌学完胜泌尿学！

——布莱斯·肯德里克

---

1 原文为：Mycology beats urology any day。真菌界的一句名言。-ology 为学科术语后缀，此处或为 my 和 your 的谐音梗。——编者注

前 言
Preface

　　1858 年，亨利·戴维·梭罗（Henry David Thoreau）在他的日记中写道："最卑微的真菌显示出与我们相似的生命。"这一观察显示了梭罗一贯的先知先觉，因为最近对 DNA 的系统发育分析已经确定，真菌在生命树上的分支与我们惊人的接近。这也意味着，这本百科的读者，和他或她正准备烹饪的鸡油菌有着同一个遥远的祖先，那可能是一种与现今的海洋鞭毛虫有些近似的生物。

　　人类与真菌界居民的相似之处并不仅仅在于遗传。真菌和人类都不具备名为叶绿素的绿色色素，所以人体不能通过阳光和二氧化碳制造糖类，因而不得不从植物、动物或其他有机物中获取能量。因此我们都进化出了特殊的酶，使我们能够消化这些物质。不同的是，人类倾向于用手抓起这些食物然后一口吞下，而真菌则选择将食物先变成液态再吸收。

　　说到食物，某些真菌对饮食的需求可以说非常挑剔（就像我们中的一部分人）。比如柱梗二托菌（*Herpomyces stylopage*）只吃蟑螂触角的毛，而头孢霉属中的 *Cephalosporium lamellaecola* 只吃洞穴中钟乳石的尖端。再比如一些毛菌只生活在水生节肢动物（如蚊子幼虫）的后肠中，而另一种新发现的名为 *Aliciphila vulgaris* 的真菌只在被麋鹿尿液浸湿的叶屑上找到过。以上真菌的生存境遇并不算糟糕，要知道在乌克兰的切尔诺贝利核电站的废墟上，各种真菌依旧在残余的辐射环境中生存。

　　鉴于真菌和人类之间的相似性，我们与真菌的关系和我们与植物的关系并不相同，这并不奇怪。真菌常常会激发我们的恐惧、纯粹的喜悦、人格化的视角（在俄语中会把一个老人称为"一颗干瘪的蘑菇"）。我们会把真菌虚构成怪物、印在邮票上，对其产生厌恶之情（古希腊医生尼坎德称真菌为"地球的邪恶发酵物"），甚至有宗教崇拜它们，如马萨特克族巫师玛丽亚·萨宾娜称迷幻蘑菇为"上帝的孩子"。真菌还激发了人类创作动画的灵感。沃尔特·迪斯尼在动画片《幻想曲》中为毒蝇伞（即毒蝇鹅膏菌，*Amanita muscaria*）提供了一个舞蹈蘑菇的角色，却没有给摇摆的芦苇和莎草提供一个小角色。

真菌是如何来到这个世界的？这个问题也激发了人类的想象力。在立陶宛，真菌曾被认为是维尔尼阿斯（Velnias）的手指，维尔尼阿斯是波罗的海的独眼死神，他从冥界向穷人伸出援手。在印度、孟加拉国和东亚的部分地区，人们仍然认为真菌源自狗的尿液。更普遍的看法是，它们来自我们上方的世界，而不是陆地或地下世界。古希腊人认为真菌是宙斯放在闪电上的种子的产物。一个古老的波斯传说将真菌归结为从一位天空女神裤子上抖落下来的虱子。生活在加拿大北极圈地区中部的现代因纽特人认为蘑菇是流星的"anaq"（屎），因为在流星划过夜空留下一条痕迹后的早晨，它们经常出现在苔原上。这让我十分怀疑是否有人曾认为，菊花或水仙花也是由流星"排泄"到他们花园里的。

在前面的段落中，我使用了"蘑菇"这个词。这个词通常指的是具有伞状子实体以及菌盖下的菌孔或菌褶的真菌。例子包括美味牛肝菌（*Boletus edulis*）、双孢蘑菇（*Agaricus bisporus*），以及美丽但致命的毁灭天使蘑菇（即双孢鹅膏菌，*Amanita bisporigera*）。酵母不是蘑菇，但它们也是真菌。同样，锈菌、多孔菌、霉菌、马勃菌、面包霉和死人指（*Xylaria* sp.）——这些真菌界的成员都不是"蘑菇"。这种区别其实并不重要，除非是在写一篇学术论文，在这种情况下，绝不能把死人指称为蘑菇。而在这本没那么学术的真菌百科中，我将会大致上交替使用真菌和蘑菇这两个词。我也会用诸如死人指和毁灭天使这样的俗名，而不是它们的拉丁名。

在书中我将使用不少"可能""也许""通常""有时"等模棱两可的副词，这是因为真菌学（mycology，源自希腊语 *mykos* 和 *logos*，分别意为"真菌"和"论述"）是一个相对年轻的学科，它的许多方面还没有被充分研究。此外，几乎所有已知的真菌学规则都会有例外。例如，一种应该生长在针叶树树干上的木栖真菌，偶尔也会在落叶树上居住，反之亦然。也许是菌丝体偶尔犯了一个错误，也许是恶劣的天气条件，使它在风暴中选择了任意一个它能找到的港湾，甚至也许是这株真菌生来与众不同。又或者，也许它想"迷惑"甚至"羞辱"我们人类。只要你花了足够长的时间来鉴定真菌标本，最后一定会幻想出一个个人格化的视角！

现在，读者可能已经完成了鸡油菌的烹饪，并可能在思考是把它们放在煎蛋卷中，还是与牛排一起食用，或者浸在豆汤中。要想知道这个问题的答案，可以咨询詹姆斯·比尔德或朱莉娅·蔡尔德[1]，而不必费心翻阅这本真菌百科，因为它并不是一本烹饪书。相反，它是一本涉及生态学、民族志的科学汇编，偶尔也引用一些奇怪的真菌传说。它还包括相关真菌学家的传记信息，例如牛肝菌专家沃尔特·斯奈尔曾经是波士顿红袜队的接球手。

在这里我应该承认，我认为真菌的可食性是真菌学中最无趣的方面（偏见警告！），所以不会讨论大多数真菌的可食性，除非该物种恰好是玉米黑粉菌（*Ustilago maydis*），这是阿兹特克人的一种传统食物。或者某种真菌的食客恰好是螨虫、甲虫甚至变形虫，这些物种依靠该真菌生存。再或者，某种真菌刚好喜欢同类相食。比如多汁乳菇菌寄生菌（*Hypomyces lactifluorum*）寄生在红菇属或乳菇属的物种中，并将其最终转化为龙虾蘑菇[2]。

正如人类喜欢吃真菌，事实上某些真菌也喜欢吃人类，或者至少喜欢吃我们的某些部位。在我们的口腔、皮

---

1 两人均为名厨，常在电视节目中教人做菜。——译者注（如无特殊说明，本书注释皆为译者注）

2 龙虾蘑菇并非严格意义上的"蘑菇"，详见后文"Lobster"一节。——编者注

肤、肺部、阴道以及指甲上，都发现了它们生活的踪迹。在我们的内脏中，曾发现过267个不同的真菌物种，它们可能在那里帮助代谢糖分。偶尔，真菌甚至在我们的大脑里生长。

我曾经参加过一个病理学家朋友进行的尸检，我看到一个巨大的菌丝团包围着连接尸体大脑两个半球的神经纤维。震惊了！这种真菌可能是烟曲霉（*Aspergillus fumigatus*），在一定程度上可以被称为病原菌。这颗大脑属于一个饱受折磨的无家可归的人，除了其他病痛，他很可能是艾滋病的受害者。健康的人拥有叫作巨噬细胞和中性粒细胞的细胞，可以抵御真菌感染，但这个人并没有这类细胞。他那免疫系统受损的机体为这种真菌提供了温床。事实上，大量原本温和的真菌可以对一个免疫功能极度低下的人造成严重伤害。无论性情是否温和，许多真菌都能对免疫系统受损的人类和其他生物体造成类似的破坏，我将在这本真菌百科的几个条目中提到这一情况。

当然，真菌和我们之间有很大的不同。真菌不仅能够在没有超市、机械运输、卫生保健设施、计算机设备或幼儿日托中心的情况下生存下来，而且不像我们中的大多数人，它们还是优秀的生态学家。想想那些被啄木鸟啄过、被闪电击中过、被汽车撞过，或者仅仅是非常古老的树木。这样的树木本身的免疫系统已经受损，可以说，如果不是因为真菌的回收能力，它们将永远是站立的尸体，而土壤将无法重新获得大多数植物所依赖的营养物质，最终地球将只有很少的植物，以及那种几乎不依赖植物获得养分的生物体。我们的星球会变得比现在贫瘠得多。

现在，让我们看看健康的树木和其他植物。它们中90% ~ 95%的物种都把真菌当作重要的"伙伴"，因为它们的根与真菌之间存在着利用真菌进行物质与能量转化的关系。事实上，有可能植物在"登陆"（从水生变为陆生）后不久就长出的根，目的就是以便与真菌联系。如果植物能说话，可能会对它们的真菌伙伴说："如果你给我氮和磷，并帮助我吸收水分，我就给你碳水化合物。"真菌可能会回答："这是我的荣幸，朋友。"

实际上，植物和真菌确实可以相互"交谈"，也就

1　一类最古老的菌根——丛枝菌根的形成是和远古植物从海洋到陆地的演化过程同步的，海洋植物在水里即使有根，也只是起支撑固定作用的假根。这里指的是真正的根。——审校者注

2　2017年，我国学者王二涛在发表于《科学》期刊上的研究论文（DOI：10.1126/science.aam9970）中指出，植物回报给丛枝菌根（菌根中最古老最普遍的一类）的是脂肪酸。目前，这一结论在学术界已成为共识。——审校者注

是通过可扩散的分子相互沟通，其中任何一方都可以向另一方表达对营养物质的需求。这种关系叫作菌根关系（mycorrhiza），这个词来自希腊语的 *mykos*（真菌）和 *rhiza*（根）。在外生菌根关系中，真菌在植物的根部形成鞘，而在内生菌根关系中，真菌渗透到这些根的细胞中。如果没有这些伙伴关系，树木和其他植物都会是如今物种的瘦小版本。在这里，我想补充一点，菌根真菌还将大量的碳封存在森林的土壤里，从而防止这些碳逃逸到已经含碳过多的大气中。

在任何关系中，总会存在一些痛苦，寄生真菌和它们的宿主也是如此。想想那些攻击昆虫或其越冬幼虫的众多线虫草属（*Ophiocordyceps*）真菌。想想造成荷兰榆树病的长喙壳属（*Ophiostoma* sp.）、造成栗树病的栗疫菌——寄生隐丛赤壳（*Cryphonectria parasitica*）、造成白蜡树枯梢病的白蜡树膜盘菌（*Hymenoscyphus fraxineus*）和造成山毛榉树皮病的新丛赤壳菌属（*Neonectria* sp.）。再想想蜜环菌属（*Armillaria* sp.）是如何阻碍营养物质从树木的根部流向树干的。

可惜的是，没有一个宿主能对这样讨厌的"伴侣"申请限制令。但是，如果真菌被赋予的是语言而非可扩散分子，那么对预想中宿主的抱怨，它们也许会回应道："嘿，我们这些寄生物也得活下去。"更有哲理的物种可能会说："生命源于死亡。"

栖息在木头上的寄生真菌为洞巢鸟（如山雀和莺）创造了家园，也为特殊的无脊椎动物（如甲虫、蜘蛛和节肢动物）创造了栖息地。由于栖息在木头上的真菌通常会感染老树，因此会在树冠上打开缺口，一旦树冠有了缺口，地面植物就会占据曾经得不到的空间。"朋友们，谢谢你们帮助恢复栖息地。"如果这些地面植物能说话的话，它们可能会对这些寄生真菌这样说。

作为真菌和藻类的结合，地衣代表了一种不同类型的寄生关系，在这种关系中，真菌把它的伴侣当作奴隶。但是地衣在真菌界的地位和平菇或毒蝇伞没什么区别，这大概是因为真菌学家和地衣学家往往对彼此的学科要么一无所知，要么漠不关心。事实上，我个人对地衣的了解相对有限，所以我在这本真菌百科中只介绍了少量关于它们的信息。在为自己辩护时，我要说，其他关于真菌的书籍，不管是指南还是别的，通常也未翔实地记录关于地衣的信息。也许有一天，地衣学家会拼凑出一本地衣百科全书？

也许本书的读者根本就没有烹饪过鸡油菌，但或许一直在用白桦茸或灵芝泡茶，以治疗痛风或痔疮，或者至少用以刺激自己的免疫系统。又或者为了同样的目的，正在服用云芝或冬虫夏草的补充剂胶囊。因为真菌药物已经风靡全球。现在的真菌学家最常问的问题就是"它有药用价值吗？"这个问题正在迅速取代"它能吃吗？"

我将在后续的篇幅中研究这个问题。但现在，让我提一下我自己最喜欢的真菌"疗法"——在森林中散步寻找真菌。看着如此非凡的各种形状（舌状！耳状！珊瑚状！齿状！鸟巢状！橘皮状！）的真菌，即使没有让人感到变得健康，也会让人收获快乐。由于所有真菌物种中只有不到 5% 被描述过，所以总是有机会发现新的物种。但是，即使你只发现了一个科学意义上的已知物种，你可能仍然会和作曲家、真菌学家约翰·凯奇（John Cage）有一样的反应，在发现一种非常普通的蘑菇时，他在日记中感叹道："真是太幸运了，我们都活着！"

目　录

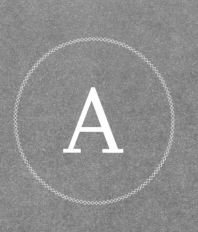

Agarikon（*Laricifomes officinalis*）

苦白蹄（药用拟层孔菌）

　　Agarikon 既是古斯基泰人¹的名字，也是一种有着灰色带状冠的大型下垂形多孔菌的名字。在北美西部，苦白蹄的宿主树是老龄的针叶树，主要是落叶松。虽然苦白蹄在北美东部很少见，但在欧洲很常见。

　　可能是因为它们含有一种叫作松蕈酸（agaric acid）的脂肪酸，苦白蹄长期以来一直是一种高级真菌药物。英国草药学家约翰·杰拉尔德（约 1545—1612 年）写道："它能利尿，促使月经排净……还能通便。"苦白蹄以前被称为奎宁菌，因为它的煎剂曾被用来为疟疾引起的高烧退烧。有时，人们会把这种真菌从北美西部运到热带地区，用以缓解蝎子蜇伤带来的疼痛。

　　美国西海岸的原住民会把雕刻的苦白蹄放在萨满的坟墓上。在加拿大不列颠哥伦比亚省，海达族的原住民会将这种多孔菌塑造成名为"真菌人"的神。根据传说，渡鸦神创造了男人，但不知道下一步该做什么，所以他的朋

　　斯基泰人是欧亚地区的古代游牧民族。

Laricifomes officinalis
Agarikon

苦白蹄

友真菌人把他带到一个岛屿，让那些男人变成了女人。因此，人类的存在应归功于真菌人……

另见词条：民族真菌学（Ethnomycology）；多孔菌（Polypores）

Aksakov, Sergei（1791—1859）

谢尔盖·阿克萨科夫

谢尔盖·阿克萨科夫是一名俄罗斯的地主，也是博物学家，他的作家同行尼古拉·果戈理（Nikolai Gogol）曾就阿克萨科夫的回忆录《家庭纪事》（*A Family Chronicle*）写道："我们的俄罗斯作家中，没有一个能用如此强烈而新鲜的色彩描绘自然。"

在生命的最后阶段，阿克萨科夫开始写一本名为《蘑菇猎人的评论和观察》（*Remarks and Observations of a Mushroom Hunter*）的书。这部未完成的作品包含了以下的思考："我相信蘑菇诞生之谜的关键在于（树的）根……当树根死了，蘑菇就会停止生长……蘑菇完全依赖于树的根，因为某些树会生产只属于自己的蘑菇。"

从这些话看来，在真正的真菌学家发现这种关系之前，阿克萨科夫就已经认识到真菌和树木之间存在菌根关系以及它的重要性。事实上，"菌根"这个词直到1885年才由德国科学家阿尔伯特·弗兰克创造出来。

阿克萨科夫创造了"安静狩猎"这个短语，现在在俄罗斯通常用来描述采蘑菇的行为。这个短语不仅指一个人在采蘑菇时没有声音，也指采蘑菇的人不愿透露他们的蘑菇采集点，以免这些地点被其他人破坏。

另见词条：外生菌根真菌（Ectomycorrhizal Fungi）

Alder Tongue（*Taphrina robinsoniana*）
桤木舌瘿

不要把桤木舌瘿与一种叫作猪牙花的百合科植物混淆。桤木舌瘿通常被称为菌瘿（mycocecidia），这个词意味着它们会在植物寄主体内产生虫瘿或虫瘿状结构。

这是一种子囊菌，它能在几种北美桤木的柔荑花序上产生舌状肿块。最初，这些肿块呈绿色，成熟后变为褐色。最后，它们变硬变黑，这时会把宿主变成一个舌状的集合。柔荑花序最后看起来非常扭曲、痛苦。然而在通常情况下，桤木舌瘿不会对其宿主造成严重伤害。扭曲的结构主要由植物组织组成，真菌迫使它们进行增殖，以便传播孢子。

外囊菌属（*Taphrina*）中另一种叫作桃外囊菌（*T.*

Deformans）的真菌能导致一种叫作桃缩叶病的疾病，这种病有时会导致叶片提前脱落，有时不会。它能否成功致病通常取决于环境条件。

外囊菌属中大约有 30 种真菌，它们都是二态的，生命周期中一半时间是无害的酵母，另一半是植物寄生物。

另见词条：子囊菌（Ascomycetes）；原杉藻（Prototaxites）

Alice's Adventures in Wonderland
爱丽丝梦游仙境

《爱丽丝梦游仙境》是查尔斯·道奇森牧师（即刘易斯·卡罗尔）在 1865 年创作的一部超现实小说，读来令人愉悦。其中有一颗蘑菇，可能是所有文学作品中最著名的，这颗蘑菇上面坐着一只几乎同样著名的吸着水烟的毛毛虫。毛毛虫对女主人公爱丽丝说："蘑菇的一边会让你长高，另一边会让你变矮。"爱丽丝生性喜欢冒险，决定验证一下这句看似奇怪的话。事实证明毛毛虫并没有说谎。

卡罗尔很可能是通过阅读英国真菌学家莫迪凯·库

蘑菇上面坐着吸着水烟的毛毛虫

比特·库克于 1860 年出版的《睡眠七姐妹》（*The Seven Sisters of Sleep*），了解到了这种叫作毒蝇伞的蘑菇。本书对食用毒蝇伞的影响描述如下："对大小和距离的错觉很常见……路上的一根稻草也会成为难以逾越的障碍。"值得注意的是，第一位给卡罗尔的书画插图的画家约翰·坦尼尔笔下画的不是毒蝇伞，而是一颗普通的蘑菇。卡罗尔自己在手稿《爱丽丝地下历险记》中所作的插图看起来也像一颗普通的蘑菇。

爱丽丝在 20 世纪 60 年代逐渐成为一个流行的反主流文化人物。例如，格蕾丝·斯利克的歌曲《白兔子》中就有这样一句众所周知的歌词："你吃了某种蘑菇，然后你的思维变慢了 / 去问问爱丽丝，我想她会知道的。"思维为何变慢，格蕾丝自己当然是知道的。

另见词条：莫迪凯·库比特·库克 [Cooke, Mordecai Cubitt (1825—1914)]、毒蝇伞（Fly Agaric）

Amadou

阿马杜

阿马杜是火绒菌（即木蹄层孔菌，*Fomes fomentarius*）的一个别名。这种菌类呈灰白色，有同心环棱纹，会在落叶树的树桩和原木上生长子实体。它们蹄形的外观使其有了另一个俗名——蹄多孔菌。

Amadou 这个词可能源于古法语单词 amator，意思是"情人"。这种层孔菌容易着火，在火柴和其他生火装置发明之前，它有着重要的作用。人们将它晒干后捣碎成纤维状，有时与硝石（主要成分是硝酸钾）混合。这种易燃物质通常被放置在一个火药箱里，用于生火、点燃烟草，或者被旧时的牙医用于术后止血。在东欧，人们仍然用火绒菌制作帽子和各种服装。

中石器时代的营地中发现了可追溯到公元前 8000 年左右的火绒菌，该物种可能是人类最早使用的不可食用的真菌。提洛尔奥兹冰人的身上就携带了一份火绒菌的标本，或者说是来自火绒菌的菌丝。阿拉斯加州的德纳伊纳人和魁北克省的克里人等原住民群体仍然会闷烧这类真菌作为昆虫烟熏剂。像雪茄烟一样，这种烟也可以用于驱赶昆虫。

另见词条：民族真菌学（Ethnomycology）；奥兹冰人（Ötzi）；多孔菌（Polypores）。

Amateur

业余爱好者

业余爱好者也叫蘑菇爱好者（mycophile），他们对真菌感兴趣，但不从事真菌学的研究。以前，业余爱好者是一个有点贬义的术语，表示无知，但现在它通常不具有这样的负面含义。而公民科学家这个词现在正逐渐取代业余爱好者。

无论你决定如何称呼这些人，他们对真菌的兴趣，均与权力、声望、发表文章的职业压力或国家科学基金会的资助无关。他们只是想学习。是的，他们可能会在脸书上大发牢骚，或者在他们的蘑菇俱乐部会议上不停地争论一个物种是小菇属（Mycena）还是小皮伞属（Marasmius），但他们识别真菌的能力往往超过了专业人士。越来越多的专业人员依赖于 DNA 测序，以至于他们对蘑菇的了解（用真菌学家安德勒斯·沃伊特克的话来说）少得像"汉堡店的一种配菜"。

业余爱好者和专业人士目前正在将他们的才能与北美真菌区系项目（North American Mycoflora Project）结合起来，该项目的目标是识别和绘制北美大型真菌的地理和季节性分布，并将结果放在网上。这个项目令人钦佩，但它也许应该有一个更合适的名字，因为真菌根本就不是植物。

Amatoxins
毒伞肽

毒伞肽也叫鹅膏毒素。这是一种剧毒的双环肽，不仅存在于鹅膏菌属（*Amanita*）中的毒鹅膏（*A. phalloides*）和毁灭天使蘑菇中，而且还存在于纹缘盔孢伞（*Galerina marginata*）、乔氏环柄菇（*Lepiota josserandii*）[1] 和线锥盖伞（*Conocybe filaris*）中。这些化合物抑制了 RNA 生产所必需的酶，这意味着细胞无法合成新的蛋白质，因此生物的生理机能会陷入停顿。毒伞肽尤其会在肝脏中积累，或多或少导致该器官开始自我消化。

对于鹅膏毒素中毒者，可行的治疗方法包括肝脏移植、肾衰竭时的血液透析，以及用木炭清除消化道污染——但不能，绝对不能，吃生的兔子大脑，这是一种早

---

[1] *Lepiota josserandii* 目前没有中文名，*josserandii* 源自向法国真菌学家马塞尔·诺斯朗（Marcel Josserand，1900—1992）致敬。——审校者注

请慎重食用

期的"治疗方法"，其根据是兔子能够吃这些有毒的蘑菇而不中毒。

鹅膏毒素并不是为杀死人类而诞生的。相反，它们很可能只是生化过程中产生的废弃物，由菌丝体运输到了子实体。一个类似的例子是咖啡豆中的咖啡因。

许多鹅膏菌不含鹅膏毒素，但那些含有鹅膏毒素的物种却给其他成员带来了坏名声。比如，橙盖鹅膏菌（*A. caesarea*）和赭盖鹅膏菌（*A. rubescens*）实际上是可以食用的……但要慎重。

另见词条：毒鹅膏（Death Cap）；中毒（Poisonings）

Ambrosia

蛀道真菌

　　Ambrosia 是一个希腊词语，意思是"众神的食物"。这其中所谓的"神"是一种甲虫，叫作食菌小蠹，而它们的食物碰巧是一种真菌，通常是子囊菌或无性阶段的酵母。很久以前，由于无法辨认这种甲虫所赖以为生的物质，所以人们认为这些物质来自诸神的国度，而不是地球。因此，"ambrosia"这个名字不仅指甲虫，也指它们的真菌食料——蛀道真菌。

　　食菌小蠹栖息在刚刚死去的树木和新砍的原木上。它们拥有一个塞满了孢子的叫作贮菌器的口袋，在木头上挖洞时，它们会将孢子接种到洞壁上。当菌丝体开始生长时，食菌小蠹会吃掉其表面细胞，雌性食菌小蠹则将这些细胞喂给它的幼虫。幼虫在充满单一菌丝体的洞中长大，外来真菌物种则被视为敌人，很快就会被食菌小蠹处理掉。

　　某些种类的食菌小蠹被称为盗菌者，它们不自己种植菌丝体，而是直接从其他食菌小蠹那里偷取。

　　靠食菌小蠹生长的真菌属包括 *Ambrosiella*、*Rafaella*、*Dryadomyces*，以及某些酵母菌。

Anamorph

无性型

不要将无性型（anamorph）与电影《失真的画》（*Anamorph*）混淆——一部由威廉·达福主演的心理惊悚片。无性型这个词具体是指子囊菌或担子菌的无性阶段。无性型也被称为不完全真菌，尽管这个词组目前已不再流行。

一部分无性型成熟后成为有性型（teleomorph，其有性阶段的名称），而其他的无性型在其一生中均保持无性状态。如果它们决定不以有性的方式进行繁殖，这并不意味着它们是"独身主义者"。它们仍然会繁殖，主要由特化菌丝产生的分生孢子（无性孢子）繁殖，繁殖方式主要是分裂生殖。这种行为类似于克隆：真菌的后代与其父母没有什么不同。因此，无性型在保留遗传物质方面做得相当不错。

无性型倾向于在人类居住的地方生长和定殖，从过期的面包到潮湿的墙纸再到书籍，它们无处不在。无性型可以在一年中的任何时候生长，甚至是冬天，而有性型通常只在特定的季节才能长出子实体。

同一物种的无性型和有性型阶段曾经有过各自的拉丁名。但是在 2011 年，澳大利亚的一个真菌学大会提出了"一个物种，一个名字"的原则，此后这两个阶段必须共用同一个双名法的学名，尽管它们彼此看起来非常不同。

Aniseed Polypore（*Haploporus odorus*）
茴香多孔菌（香味全缘孔菌）

香味全缘孔菌是黄褐色、灰白色或暗棕色的多年生多孔菌，主要生长在加拿大和欧洲北部森林中的老柳树和白蜡树上。该物种的通用名称"茴香多孔菌"源自其强烈的茴香气味，这曾激发阿尔伯塔省的森林克里人和北部大平原的其他部落将其用作药材和驱邪。

从前在拉普兰地区，放牧驯鹿的人在求爱的时候会带上一袋香味全缘孔菌。关于这一做法，瑞典科学家卡尔·冯·林奈写道："拉普兰的年轻人小心地把它放在一个袋子里，这样它那可爱的气味就可以使他得到心爱姑娘的青睐。简直异想天开！"但也许也没有那么异想天开，因为为人所心仪的少女无疑会更喜欢茴香的气味，而不是牧人特有的驯鹿气味，香味全缘孔菌可以掩盖后者的气味。

这一物种在欧洲已经濒临灭绝，不是因为驯鹿牧民对其的使用，而是因为牲畜放牧、公然伐木以及气候变化导致的栖息地变化。

Aphyllophorales
非褶菌目

非褶菌目是担子菌纲下的一个阵容庞大的目，其中包括了革菌、珊瑚菌、多孔菌、杯菌和胶质菌。Aphyllophorales 这个词的意思是"没有菌褶"，所以你不会在非褶菌目中找到任何拥有菌褶的真菌。深褐褶菌（*Gloeophyllum sepiarium*）和桦栓菌（*Trametes betulina*）的"菌褶"实际上是拉长的孔。大多数多孔菌目的物种都是木栖真菌。大多数，但不是全部。其中一个例外就是珊瑚菌。

该目现在被认为已经有点过时了，主要是因为 DNA 分析提供了很多新的证据。但由于真菌学家仍然会提到这个词，例如："该死，我又有一个讨厌的非褶菌需要鉴定！

（Damn, I've got another bloody Aphyllophorale to identify！）"因此这个词依旧值得在这本真菌百科中提及。

事实上，多孔菌目中确实有几个"带血"（bloody）的物种，尽管"血"有颜色通常是因为某一液体里含有"抗凝血色素"或一些不需要的化学物质，例如草酸。多孔菌目中两个"带血"的物种分别是二年残孔菌（*Abortiporus biennis*，英文常用名 bleeding rosette 直译为"出血莲座"）和派克亚齿菌（*Hydnellum peckii*，英文常用名 bleeding tooth 直译为"出血齿菌"）。

另见词条：珊瑚菌（Corals）；多孔菌（Polypores）。

Artist's Conk（*Ganoderma applanatum*）
老牛肝（树舌灵芝）

树舌灵芝是一种大型的多年生多孔菌，有褐色多层冠。树舌灵芝能在世界各地的硬木树上产生子实体，它可以是腐生菌，也可以是较弱的寄生菌。这一物种的寿命非常长，现已发现了 70 岁以上的个体。它菌管层上的每一圈（但不包括菌盖）都代表一年的生长。

活跃产孢时，这种菌一天可以产生 300 亿个孢子！这些孢子的内壁很厚，相比大多数其他真菌的薄壁孢子，这更有助于它们抵御恶劣的环境。

树舌灵芝的英文俗名直译为"艺术家的蘑菇"，这得名于艺术家经常把它们摘下用作雕刻板。然而对于本书作者来说，它们与宿主树相连时，比上面刻有可爱的小屋、发情的鹿或树木要有吸引力得多。

根据苏西特纳地区的德纳伊纳人的民间传说，在阿拉斯加内陆有一棵白桦树，上面长着一个非常大的树舌灵芝。这个树舌灵芝的直径不是 60 厘米、90 厘米、120 厘米，而是约 400 米，这将使它成为世界上最大的真菌……甚至，甚至可能是民间传说中最大的真菌。

另见词条：多孔菌（Polypores）；腐生菌（Saprophytes）

Ascomycetes

子囊菌

子囊菌是真菌界下的一门，至少有 3200 个属，32 000 个种，大小和形状各不相同。有的像涂了厚厚的黑漆，有的呈舌状，有的呈杯状，有的呈烧瓶状，还有的像死人干枯的手指。其中一些是危险的农作物病原体，如黄曲霉（*Aspergillus flavus*），其他的则是高价值的食用菌，如羊肚菌。许多子囊菌会让木材慢慢变软变黑，也就是所谓的"软腐"。甚至有些酵母也是子囊菌，包括用于烘焙和酿造的酿酒酵母（*Saccharomyces cerevisiae*）。

子囊菌在叫作子囊（asci）的囊状、棒状或气球状的囊内产生有性孢子，它们发射这些孢子的方式通常类似于玩偶盒突然弹出玩偶的过程。孢子的喷出速度可以达到每小时 112 千米。对于某些子囊菌（例如盘菌），气流会激活这种喷射，所以如果你轻轻地吹它们的子实体，说不定就会看到孢子云。其中一些物种，比如恶魔雪茄（即地星状裂杯菌，*Chorioactis geaster*），产生孢子云时偶尔还伴随着可听见的嘶嘶声。

A

另见词条：担子菌（Basidiomycetes）；盘菌（Discomycetes）；
羊肚菌（Morels）；核菌（Pyrenomycetes）；软腐（Soft Rot）。

Azalea Apples（*Exobasidium* sp.）
杜鹃花苹果（外担菌属）

杜鹃花苹果通常是那些会感染杜鹃花属植物的担子菌的俗名。杜鹃花苹果看起来并不像苹果，更像是（用真菌学家山姆·里斯蒂奇的话来说）"吹破的泡泡糖"。除了在杜鹃花上寄生外，这些菌类还会在美洲越橘、蔓越莓、欧洲越橘和蓝莓上寄生。这些寄生物都属于外担菌属。

外担菌属的物种通过改变其宿主的激素水平，使其宿主的叶子、枝梢、花芽和嫩梢产生瘿状畸变。在大多数情况下，这种损害主要是审美方面的——杜鹃花最终会看起来非常不美观。但是，如果大量的叶子被真菌感染，它们要么脱落，要么失去光合作用的能力，可能导致整株植物死亡。

由于寄主的毒性，杜鹃花以及寄生其上的外担菌属是不可食用的。但是，阿拉斯加州南部和不列颠哥伦比

·020·

亚省沿海地区的原住民会吃被寄生的蓝莓和蔓越莓，他们将这种被寄生的浆果称为"幽灵耳朵"，并把它们视为一种糖果。

Banning, Mary (1822—1903)

玛丽·班宁

玛丽·班宁是美国 19 世纪的一位默默无闻的真菌学家，作为一名女性，她被科学界排斥。唯一认可她的真菌学家是查尔斯·霍顿·佩克。她在信中写道："在充满争议的真菌领域，你是我唯一的朋友。"

在一个几乎对真菌有恐惧感的国家，班宁对真菌的兴趣给她带来了持续的打击。她的马里兰州同胞们称她为"毒蘑菇女士"。看到她在树林里采蘑菇的人会互相议论说："这可怜的家伙完全疯了。"但是从她关于寻找蘑菇的注释中可以看出，她并没有疯，而且她对自己热爱的事物有着敏锐的洞察力和审美态度。以下是这些注释中的一条："真菌学家可能会把自己比作一个漫步在充满美丽和奇形生物的土地上的拓荒者。"

班宁描述了 23 种以前未知的真菌，并汇总成了一本书，名为《马里兰的真菌》(*The Fungi of Maryland*)，但至今尚未出版。与碧翠丝·波特一样，她画的蘑菇非常吸引人。

另见词条：真菌恐惧症（Mycophobia）；查尔斯·霍顿·派克 [Charles Horton Peck (1833—1917)]；碧翠丝·波特（Beatrix Potter）。

Basidiolichens

担子地衣

许多子囊菌选择了地衣化的生活方式，但只有大约 20 种担子菌决定与藻类或蓝藻菌形成互利关系。这种结

Lichenomphalia sp.

地衣小荷叶属

合的产物就是担子地衣。

尽管担子地衣中的大多数都是浅色的，但它们往往被归入"小棕蘑菇"这一类别。这也是它们经常被忽视的原因之一。另一个原因是，它们通常生长在潮湿、长满苔藓或泥炭的地区，以及没有植被的潮湿土壤上，这些都是普通真菌觅食者很少涉足的地方。

地衣小荷叶属（*Lichenomphalia*）和健孔菌属（*Arrhenia*）是比较常见的担子地衣的属。它们大多有着宽大的菌褶，沿着茎部延伸，即使没有菌褶，也会有类似的替代结构。多枝瑚菌属（*Multiclavula*）是担子地衣的另一类成员，它们群居生长在木材上，看起来像瘦小的珊瑚，简直像极了！DNA测序已经表明，它们是鸡油菌的近亲。（真是不可思议！）

担子地衣之所以被列入本书，是因为与大多数地衣不同，它们可能会被误认为是一类蘑菇。

另见词条：担子菌（Basidiomycetes）；小棕蘑菇[LBM（Little Brown Mushroom）]。

担子菌

担子菌包括几乎所有伞状蘑菇，还有马勃菌、多孔菌、锈菌、胶质菌、珊瑚菌，甚至一些单细胞酵母。全世界大约有 7.5 万种担子菌。

无论其形状或大小如何，所有担子菌都是在特化的、或多或少呈棒状的细胞上产生孢子的。这种细胞被称为"担子"，通常会产生 4 个孢子，但有的担子也会产生 2 个孢子甚至 16 个孢子。

真菌学家尼克·莫尼曾将担子描述为"排列着 4 个孢子一样乳头的乳房"。这些"乳房"的子实层面朝下，以便孢子在释放的瞬间可以被气流抓住。大量的孢子可以一次性完全释放，以至于真菌往往可以自己产生这种气流。

与植物一样，引力作用会告诉担子菌哪个方向是上，哪个方向是下。假设一颗蘑菇长在一根树枝上，树枝从树上掉了下来，蘑菇的孢子表面最终会朝向侧方或上方。蘑菇通常会自己尝试调整方向，这样承载孢子的表面就会朝下，而孢子本身只需完成担子母体规定的动作——掉到地上。

另见词条：子囊菌（Ascomycetes）。

Beech Aphid Poop Fungus

山毛榉蚜虫粪真菌

山毛榉蚜虫粪真菌是子囊菌门烟灰霉菌中的一类，其古怪的俗名是由真菌学家汤姆·沃尔克创造的。

这一物种的学名是海绵胶煤炱菌（*Scorias spongiosa*），有种非常特殊的食物——叫作蜜露的浓缩碳水化合物溶液，源于生活在美国山毛榉树上的山毛榉鳞蚜虫（*Grylloprociphillus imbricator*），这种蚜虫偶尔也生活在赤杨树上。当菌丝消化了足够的蜜露后，就会产生海绵状的子实体，子实体中带有无性孢子。这些子实体是奶油色的，带着一点粉红色或淡黄色。慢慢地，它们开始变黑变硬，在这个过程中产生有性孢子。发黑的子实体可以是不规则或圆形的，几乎可以变得和排球一样大，但与真正的排球不同的是，它们的表面经常覆盖着一层用于防腐的死蚜虫。

另见词条：霉菌（Mold）。

Beefsteak Polypore（*Fistulina hepatica*）

牛排多孔菌（牛舌菌）

牛舌菌是一种异常柔软的、浅至粉棕色深至紫褐色的多孔菌，看起来像一块大理石状的生肉，新鲜时会流出淡红色的汁液——因此得名。不同于真正的牛排，有时它会像其他多孔菌那样长出一根菌柄。

牛舌菌是一种腐生菌，主要生长在活的或死的橡树心材上，通过制造乙酸进行褐腐作用。与其他多孔菌不同，它可以生吃。乙酸的存在让它有一种酸味，有些像柑橘。

牛舌菌还有一点与其他多孔菌不同，它的孢子不是从孔隙中，而是从一种菌管中产生的。因此，DNA 研究表明，该物种与有菌褶的蘑菇关系密切，它的管状物可能是一种古老的菌褶。

另见词条：褐腐（Brown Rot）；多孔菌（Polypores）；腐生菌（Saprophytes）。

Berkeley, Rev. Miles（1803—1889）

迈尔斯·伯克利牧师

迈尔斯·伯克利是一名英国牧师，1836 年他创造了"真菌学家"（mycologist）这个词用来描述他的第二职业。他常在清晨的烛光下进行他的真菌学工作，然后再去履行他的教区职责。

伯克利牧师写了一本 433 页的书，名为《真菌》（Fungi），此外还写了备受推崇的《英国真菌学概论》（Outlines of British Fungology）。他正确地认识到引起爱尔兰马铃薯饥荒的原因可能是一种水生霉菌——致病疫霉（Phytophthora infestans），这是一种卵菌，可能与真菌有关也可能无关。与此同时，在伯克利生活的时代，有相当一部分神职人员认为饥荒是魔鬼造成的。

在生命的最后阶段，伯克利将他个人收集的 1 万种真菌捐赠给了英国皇家植物园。他以他的女儿、科学插图画家露丝·艾伦·伯克利（Ruth Ellen Berkeley）的名字命名了露丝蘑菇 [Agaricus ruthae, 如今改名为露丝侧耳（Pleurotus ruthae）] 这种真菌。北美东部有一种极其巨大的多孔菌叫作"伯克利邦氏孔菌"（Bondarzewia berkeleyi），正是为了纪念这位英国真菌学家兼神职人员。

另见词条：达尔文菌（Darwin's Fungus）。

Berserker Mushroom

狂战士蘑菇

"狂战士蘑菇"是毒蝇伞的俗名，特别是在斯堪的纳维亚地区。

1784 年，一位名叫塞缪尔·厄德曼的瑞典神学家提出，维京战士吃这种蘑菇是为了发狂，相比心情温和时，这样更容易杀死对手。这种想法在 18 世纪迅速传播开来，大部分文明世界很快就开始把毒蝇伞与躁狂行为联系起来。

很明显，厄德曼牧师本人并未尝试过食用这种蘑菇，因为吃下这种蘑菇通常不会引起任何攻击性。"欣快症"（euphoria）这个词有时被用来形容食用毒蝇伞后的感受，尽管它也会引起呕吐和腹泻等非欣快性反应。这种蘑菇引发的症状也被描述为与鸦片引起的症状相似。

"Berserk"一词在斯堪的纳维亚当地的几种方言中意

为"熊衫"。维京战士们其实没有吃某种会引起肠胃问题的蘑菇，而是把熊毛制成的衬衫穿在外面，而熊毛不断地摩擦着皮肤，他们一定会感到非常恼火。事实上，他们可能会对自己说："我要立即搞定这个敌人，这样我就可以脱掉这件该死的衬衫了。"

另见词条：毒蝇伞（Fly Agaric）。

Big Laughing Gym
大笑健身房

"Big laughing gym" 是橙拟裸伞（异名 *Gymnopilus spectabilis*，学名 *Gymnopilus junonius*）的英文俗名。这是一种大型蘑菇，呈现明亮的黄色或橙色，其菌褶顺着柄部延伸（真菌学术语：decurrent，下延的），有一个菌环，随着年龄增长而最终倒塌或脱落，喜欢在腐烂的木材或覆盖物上成群生长。它们分布在世界各地，主要在温带地区生长。

它们的子实体含有裸盖菇素以及类似卡瓦胡椒中的 α - 吡喃酮化合物。如果你吃了它们，可能会失控地大笑，

Gymnopilus spectabilis
Big Laughing Gym

大笑健身房

但也可能会在这些笑声中交替出现恶心、头晕、多尿和眩晕的症状。在一个经常被引用的典型事件中，一个吃了几个这种蘑菇的女人说："我快死了，这太搞笑了。"另一个人笑着说："如果蘑菇中毒是这样的，我完全赞成。"另一个吃了很多这种蘑菇的人在几天内都有严重的阴茎异常勃起症状——这可不是闹着玩的！然而，在大多数情况下，这类蘑菇的味道极其苦涩，这能预防这种不幸的用餐体验。

另见词条：毒伞肽（Amatoxins）；裸盖菇素（Psilocybin）。

Bioluminescence

生物发光

"亲爱的，我在蘑菇的光下写这封信。"第二次世界大战期间，身在新几内亚岛的一名美国军人在给他妻子的信中这样写道。这个人并没有遭受战争创伤，因为某些蘑菇在黑暗中确实会发出绿光。这些蘑菇有的被恰当地命名为南瓜灯蘑菇（毒类脐菇，*Omphalotus illudens*），小菇属中的几个物种和鳞皮扇菇（*Panellus stipticus*）也会发光，其中鳞皮扇菇似乎只在某些地区发光。蜜环菌属的菌索（成束的菌丝体）被称为狐火，它也能在黑暗中发光，马克·吐温在《哈克贝利·费恩历险记》一书中记录了这一事实。

这些蘑菇会产生一种叫作萤光素的色素，这种色素被萤光素酶氧化后会发光。蘑菇发光可能是想吸引夜间飞行的昆虫来传播它们的孢子，或者警告夜间的食菌者不要靠近。所有能发光的真菌都栖息在木头上，所以这种发光也可能只是一种酶介导氧化反应的副产物。目前，夜行昆虫理论在真菌学家中似乎是最流行的。

Bird Droppings
鸟　粪

对两种不同种类的致病真菌来说，鸟粪虽不是基质，但却是主要动力。

第一种真菌是新型隐球菌（ *Cryptococcus neoformans* ），它引起的疾病叫作隐球菌病。这种真菌是一种酵母菌，主要生长在由鸽子粪便构成的富含氮，不对，是含过多氮的土壤中。它会产生大量的孢子。如果一个人经常和鸽子待在一起或靠近鸽子，可能会吸入一些孢子，这一般不会发生任何事情，但也可能吸入了孢子后，孢子会进入这个人的肺部，然后顺着他的血液进入大脑。这时候死亡就变得有可能了。

鸽子

　　另一种真菌是爪甲团囊菌目（Onygenales）中的一个成员——荚膜组织胞浆菌（*Histoplasma capsulatum*），它引起的疾病叫作组织胞浆菌病。这种真菌同样生长在因家禽、椋鸟或蝙蝠留下过多粪便而极度富含氮的土壤中。人体一旦吸入孢子，就有可能引起肺部感染，然后是全身主要器官的感染。鲍勃·迪伦差点死于组织胞浆菌病，该病导致他的心脏周围严重感染。（注：迪伦的歌曲《我的心》的发行早于这一事件。）

另见词条：嗜角蛋白真菌（Keratinophiles）；山谷热（Valley Fever）。

Bird's Nest Fungi

鸟巢菌

之所以如此命名，是因为鸟巢菌的形状像微型的鸟巢，里面有一窝更微型的"卵"。每个"卵"实际上都是一袋叫作"小包"的孢子。这些孢子就像雏鸟一样，最终会"飞"走。

以下是两种最常见的鸟巢菌，黑蛋巢菌属（*Cyathus*）和白蛋巢菌属（*Crucibulum*），它们的孢子是如何成功"飞"走的呢——每个小包的基部都有一根弹簧状的链，链的另一端有一个黏性的底座，叫作菌索基。当雨滴击碎所谓"巢"顶部的薄组织时，菌索基会将小包投入空中。当小包撞到某个物体，就会释放出孢子。

这种释放孢子的形式主要是通过撞击树枝或花园的土地来完成。偶尔，小包也会撞到汽车的挡风玻璃上，其结果是（用真菌学家埃利奥·舍希特的话来说）"利用汽车传播孢子是一种非常现代的形式"。

某些传统的亚洲文化认为，这些小包最终会变成真正的鸟儿并飞走。

鸟巢菌是一类腹菌（Gasteromycetes），所以它们与马

粪生黑蛋巢菌（*Cyathus stercoreus*）

勃菌和鬼笔菌的关系很近。

Black Knot of Cherry（*Apiosporina morbosa*）
李黑节病菌

　　李黑节病菌是一种子囊菌，有时被称为"树枝上的粪便（shit on a stick）"，因为这正是它通常看起来的样子。李黑节病菌是导致李属（*Prunus*）的 25 种乔木和灌木患李黑节病的病原体。"Shit on a stick"也是非洲裔美国俚语，指的是"硬汉"，这也可以当作宿主树或灌木对这种真菌的描述，因为宿主几乎没有机会抵御它的致命攻击。

子实体一开始在枝头上是一个看似无害的橄榄棕色突起物，然后逐渐变大变硬，开始碳质化。当这种情况发生时，菌丝体开始干扰宿主树中水分的传输。不仅如此，它还会抑制营养物质的转移，尤其会抑制光合作用产生的物质从叶子转移到树干。不需要多久，这棵树就没了力气。这种真菌对观赏樱桃等栽培品种的破坏性特别大。

由于其不规则的黑色形状，李黑节病菌有时会被误认

apiosporina morbosa
Black Knot of Cherry
a.k.a
"SHIT ON A STICK"

李黑节病菌

为是白桦茸，但它并没有治疗疾病的药效，即使是最常见的感冒[1]。

另见词条：白桦茸（Chaga）；寄生菌（Parasites）

Bolete
牛肝菌

牛肝菌是一类肉质蘑菇的总称，它们有带孢子的管状物而非菌褶。这些管状物的末端是一个气孔，使许多牛肝菌具有海绵状的质地。

柔软、蓬松的菌肉既是孢子们的公寓，也是甲虫和蛆虫等昆虫的食物来源。牛肝菌除了是昆虫的栖息地之外，也是备受推崇的人类食用菌，特别是美味牛肝菌（*Boletus edulis*）。不过牛肝菌中有一些是有毒的，比如魔王牛肝菌（*Boleus satanas*）。

罗马哲学家老普林尼曾写道：如果一个女人吃了足够

---

[1] 白桦茸是一种属于刺革菌目的真菌，该真菌为药用真菌，在俄罗斯和东欧民间用作药物。

Generic Bolete

牛肝菌

多的牛肝菌，就会去除她脸上的雀斑和瑕疵。许多牛肝菌自己也有斑点。一旦被擦伤或甚至只是被轻轻触摸，它们的菌盖往往就会变成蓝色、蓝绿色、红色或棕色。这是一种氧化引起的染色反应，可以用来帮助鉴别物种。某些牛肝菌品种会立即变色，而其他品种则需要几分钟时间。

除牛肝菌属（*Boletus*）外，牛肝菌还包括黏盖牛肝菌属（*Suillus*）、粉孢牛肝菌属（*Tylopilus*）、褶孔牛肝菌属（*Phylloporus*）、条孢牛肝菌属（*Boletellus*）、魔牛肝菌属（*Harrya*）、博氏牛肝菌属（*Bothia*）、绒盖牛肝菌属（*Xerocomus*）和疣柄牛肝菌属（*Leccinum*）。根据 DNA 测序的结果，干朽菌（*Serpula lacrymans*）和硬皮马勃属（*Scleroderma*）最近被归为牛肝菌，尽管这两种真菌的子实体都不完全是海绵状的。

Bonnet Mold（*Spinellus fusiger*）
伞菌霉

伞菌霉是一种寄生的接合菌，喜欢在潮湿的季节生长在小菇属（*Mycena*）的真菌上，特别是血红小菇（*M. haematopus*）。伞菌霉有气生菌丝，仿佛给宿主菌盖戴了个看起来像朋克发型的帽子。真菌学家汤姆·沃尔克把这种接合菌称为"朋克摇滚小菇"。

气生菌丝末端的孢子被安置在芽状组织中。孢子在芽内从白色转变成黑色，最后在芽的外壳破裂后，通过昆虫和风传播。当伞菌霉将宿主小菇变成一摊糨糊时，大多数孢子已经扩散。

别把这种真菌与另一种叫作大孢联轭霉（*Syzygites*

Spinellus fusiger
Bonnet mold

伞菌霉

megalocarpus）的接合菌混淆，真菌学家山姆·里斯蒂奇称大孢联轭霉为"巨魔娃娃菌"。这种特殊的真菌会覆盖它的寄主——通常是某种环柄菇（*Lepiota*），它会生长出毛茸茸的毛发，就像瑞典巨魔娃娃未梳理的头发。其他联轭霉属（*Syzygites*）的物种有不同的寄主，但没有一个像大孢联轭霉那样有毛发。

另见词条：山姆·里斯蒂奇 [Ristich, Sam（1915—2008）]；接合菌（Zygom-ycetes）。

Brown Rot

褐　腐

　　褐腐菌以木材中的纤维素为食，但不会食用呈褐色的木质素。因此，褐腐一词来源于被褐腐菌食用后的木材的颜色。这一过程通常被称为"块状腐朽"，因为患病的木材最终会失去其纵向强度和硬度（纤维素本身在一定程度上起着维持硬度的作用），并产生裂缝，最后变成一堆易碎的方块。真菌之所以会从事这种看似几何分割的活动，是为了将纤维素变成可食用的碳化合物。

　　在所有造成木材腐朽的真菌中，只有不到 10% 的物

腐朽的木材

种是褐腐菌，但它们却回收了世界上 80% 的软木中的碳。它们在北方森林的树木分解中占主导地位，其残留物可以在这些森林的土壤中保存几百年。含有这些残留物的土壤比含白腐残留物的土壤具有更强的持水能力，因此这类土壤往往非常有利于种子萌发。不过从坏的方面来看，褐腐也是木质建筑发生腐烂的主要原因。

引起褐腐的常见真菌有桦拟层孔菌（*Fomitopsis pinicola*）、桦滴孔菌（*Piptoporus betulinus*）、硫磺菌属（*Laetiporus* sp.）真菌、干朽菌和扇索状干朽菌（*Serpula himantioides*）。

另见词条： 干朽菌（Dry Rot）；多孔菌（Polypores）；软腐（Soft Rot）；白腐（White Rot）。

Buller's Drop
布勒氏液滴

布勒氏液滴是一种极其重要的球状物，几乎所有有菌褶的蘑菇都会制造这种球状物，它的名字源自首次描述它的英裔加拿大真菌学家阿瑟·亨利·雷金纳德·布勒（1874—1944）的名字。没有这些液滴，这些蘑菇就无法散布孢子。

蘑菇的孢子附着在担子的一个突起上，当这个突起处形成一滴液体时，也就是所谓的布勒氏液滴，孢子就能以大约每秒 60 厘米的速度射出。这一过程只持续几毫秒，但足以让孢子从菌褶中弹出，大胆地进入世界。菌褶间的湿度是造成布勒氏液滴的重要原因。

布勒本人是一位单身汉，但他的真菌学研究却有了"后代"——其出版的七卷本厚重著作，以他名字命名的布勒氏液滴只是其内容之一。其他的，比如在第六卷中，有一半的篇幅专门讲述了一种水玉霉属（*Pilobolus* sp.）真菌，它们能像大炮一样将孢子发射到远离动物粪便基质的地方。

除了布勒的书，他的骨灰目前也存放在温尼伯市的布勒图书馆，该图书馆是加拿大农业部的一个部门。

另见词条： 担子菌（Basidiomycetes）

Cage, John （1912—1992）

约翰·凯奇

约翰·凯奇是一名作曲家和表演艺术家，他试图通过使用鹅毛笔、高压锅、旧酒瓶、橡皮鸭子、冰块、喷嚏和沉默，将音乐从他认为枯燥无味的音符系统中解放出来，他的作品被形容为"仿佛一个小丑接管了马戏团"。

凯奇经常提到这样一个事实：在字典中，"蘑菇（mushroom）"一词排在"音乐（music）"之前。用作家大卫·罗斯的话说，"凯奇揭示了真菌学和音乐学的平行宇宙"。事实上，凯奇音乐的特征是具有偶然性和不确定性，这可能要归功于蘑菇给他的灵感。蘑菇出现与否，似乎取决于它们自己的"突发奇想"。

凯奇在 1962 年帮助创建了纽约市真菌学协会。他还在纽约市的新学院（The New School）教授过一门蘑菇鉴别的课程。

直到晚年，他都不曾靠音乐谋生，而是靠收集和销售蘑菇给纽约的高档餐厅。

凯奇对蘑菇抱持着一种崇拜的态度。事实上，他曾写过一首诗，诗末是这样描述蘑菇的："到目前为止，它们仍然像以前一样神秘。"不过他对蘑菇也有不崇拜的时候，他相信如果为毒蝇伞播放贝多芬四重奏的唱片，它就会变得可食用。

另见词条：毒蝇伞（Fly Agaric）；音乐（Music）。

Carver, George Washington (1864—1943)
乔治·华盛顿·卡弗

乔治·华盛顿·卡弗是非裔美国科学家，他在阿拉巴马州塔斯基吉研究所展开了大量的花生研究，这一点常常会掩盖他同样重要的真菌学研究工作。在爱荷华州立大学，他既是第一个黑人学生，也是第一个黑人教师，他在那里研究微型真菌，即引起植物疾病的真菌物种。后来，他又对危害美国植物的锈病和黑粉病展开了专门研究。

卡弗被称为"花生人"，他收集并捐赠了数千种真菌物种给全国各地的标本馆。他是第一个对大豆致病菌进行鉴定的真菌学家，也是第一个（这一点倒是毋庸置疑）记录侵染花生的曲霉菌属物种的真菌学家。他不反对吃蘑菇，还经常给他的同事和塔斯基吉学院的学生们端上一盘盘可食用的蘑菇。

1935 年，美国农业部任命卡弗为真菌学和疾病调查部的负责人，这对于一个曾经身为奴隶的人来说是一项杰出的荣誉。

Caterpillar Fungus（*Ophiocordyceps sinensis*）
冬虫夏草

冬虫夏草是一种产自喜马拉雅山脉，尤其是中国西藏的子囊菌。那里的人一般认为它是一种单一的有机体，但实际上它由两种生物组成，一种真菌和一种昆虫。真菌的孢子穿过冬眠的蝙蝠蛾幼虫（*Thitarodes* sp.）的角质层，然后真菌的菌丝会逐步消化毛虫生命力从较弱到较强的各个部分。不久之后，寄主身上就会产生一个子实体。

在中国，冬虫夏草被用来治疗肺部疾病。过去市场上会成堆售卖冬虫夏草，但现在由于过度采集，数量少了很多，这种真菌的灭绝似乎只是时间问题。

从积极的角度来看，一种跟冬虫夏草相关的名叫辛克

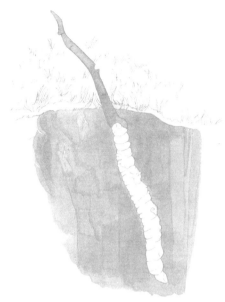

冬虫夏草

莱棒束孢（*Isaria sinclairii*，是 *Cordyceps sinclairii* 的无性型）
的真菌会产生一种叫作多球壳菌素的蛋白质，这种物质的
衍生物已成功地被用于多发性硬化症的治疗。

另见词条：苍蝇杀手（Fly Killers）；僵尸蚂蚁（Zombie Ants）

墓地蘑菇

真菌并不擅长重新利用尸体，因为几乎所有的真菌都是好氧的，但被埋在 1.8 米以下的尸体没有多少氧气。因此，与人们普遍认为的相反，通常墓地中发现的数量异常庞大的蘑菇，并不是以人类遗体为食的。相反，它们在墓地里生长的主要原因是尸体向土壤中释放了大量的氮和氨，这两种物质都是墓地蘑菇菌丝体的快乐源泉。在尸体早期的分解过程中结出子实体的菌类通常被称为"喜氨真菌"（ammonia fungi），而在之后过程中形成子实体的则被称为"尸腐真菌"（postputrefaction fungi）。墓地不断被雨水渗入是促进真菌生长的另一个因素。

尸体还会向土壤中释放福尔马林等防腐液，而棺材则会释放铅。这对墓地蘑菇来说不是问题，它们很乐意通过其菌丝体吞噬有毒物质，但对于打算食用它们的人来说，这却是一个不能忽视的问题。

滑锈伞属 (*Hebeloma*) 中的 *H. syrjense* 和 *H. vinosophyllum* 这两种真菌的俗名叫作"寻尸者"，虽然偶尔可以在鸟类和小型哺乳动物的尸体上发现它们，但几乎从未在像我们这样的大型哺乳动物身上发现过。在墓地里，它们会利用土壤中丰富的氮。事实上，它们更合适的俗名应该是"寻氮者"。

Chaga
白桦茸

白桦茸（即桦褐孔菌，*Inonotus obliquus*）的外形是一种略带黑色、深度开裂、形状不规则的结构，通常会与树瘤相混淆。这种多孔菌的菌丝体能吸收桦树中的防御化合物桦木醇，并将其转化为桦木酸，然后积累在体内。它是一种真菌药物，结构外形多变，被称为假壳、无菌壳或菌核。最近在谷歌上搜索这个词会显示有超过5 260 000 次点击。

亚历山大·索尔仁尼琴在 1966 年的回忆录《癌症楼》中提到了白桦茸，之后白桦茸就开始变得广为人知。事实上早在据说它能消除索尔仁尼琴的恶性肿瘤之前，它就被美国北方原住民广泛使用。例如，西伯利亚的汉特族妇女在月经期间会用白桦茸泡水洗澡来清洁自己；曼尼托巴省和明尼苏达州的奥吉布瓦人会用它来缓解痔疮引起的不适；加拿大北部和西伯利亚的许多部落还会用它来引火。

白桦茸可能富含抗氧化剂，但比咖啡中的咖啡因含量要少。它灰色平伏的子实体往往被人们忽视，因为它生长在桦树宿主的树皮下，在那里它往往会被昆虫吃掉，看起来就像一块被虫蛀过的长布。

另见词条：药用蘑菇（Medicinal Mushrooms）

Chestnut Blight

栗疫病

栗疫病不是一种真正的枯萎病，而是一种叫作寄生隐丛赤壳菌（*Cryphonectria parasitica*）的核菌引起的树木环切溃疡。由于死人指（*Xylaria* sp.）也是一种核菌，所以你可以说，死人指属的一个近亲于 1904 年在纽约市首次被发现，而到 20 世纪 50 年代，它却几乎毁掉了美洲大陆上所有的栗树。由于这种真菌的存在，美洲栗树从一种优势森林物种变成次要的林下灌木。

栗疫病可能是通过种子或幼苗从亚洲传入的。在亚洲它根本不是一个问题，因为亚洲的树木已经随之进化而有了防御机制。不幸的是，美洲栗树却没有。

下面我将描述这种病菌是如何进行其"邪恶勾当"的：它的菌丝体负责"啃穿"栗树的树皮，在此过程中顺便破坏了负责将营养物质输送到树叶和树的其他部分的维管系统。至此，这棵树变得毫无防备，菌丝体可以以它为食了。最后，栗树只有根部还活着，从中长出一丛丛小灌木。

恢复美洲栗树的策略包括培育抗栗疫病的转基因树，最近的研究还尝试了向美洲栗树基因中植入一段从小麦中提取的基因，似乎也能使其对这种真菌产生抵抗力。

另见词条：死人指（Dead Man's Fingers）；核菌（Pyrenomycetes）

Chitin

几丁质

几丁质是一种主要由氨基酸组成的多糖，存在于真菌的细胞壁中，赋予真菌抗拉强度和刚性。它还使大多数可食用的蘑菇具有了最初的脆性，如果没有它，蘑菇吃起来就会软塌塌的。

几丁质可以在昆虫和蜘蛛的外壳（称为外骨骼）、乌贼的喙状嘴和吸盘以及软体动物的外壳（当然，还包括被称为"石鳖"的石栖动物）中找到，所以它提醒着人们，真菌和动物界的成员是亲姐妹，而植物只是远房表亲。

几丁质的强度使得一些真菌可以从柏油路面甚至是混凝土路面中钻出来，这让偶尔在球场上看到马勃菌或臭烘烘的鬼笔菌的网球运动员感到非常惊讶，甚至气愤。

Chytrids
壶 菌

壶菌是自成一门——壶菌门（Chytridiomycota）的原始真菌，它们的孢子能游泳。

除了真菌学家能逐一分辨它们，一般来说它们通常被统称为壶菌，但有一种名叫蛙壶菌（学名 *Batrachochytrium dendrobatidis*）的壶菌除外，它与热带地区蛙类数量的下降或灭绝有关。这种真菌在 1998 年才被发现，现在人们普遍认为它最初来自朝鲜半岛，然后传播到热带地区。气候变化或栖息地的丧失可能也影响了青蛙的数量，使它们更容易受到蛙壶菌的感染。在过去的几年里，蛙壶菌的姐妹蝾螈壶菌（*B. salamandrivorans*）也已经开始感染欧洲的蝾螈。

这两种壶菌似乎可以消化角蛋白并使其脱落，而角蛋白是两栖动物皮肤组织的保护成分。两栖动物也通过它们的皮肤呼吸，所以蛙壶菌会对它们的渗透压调节造成影响，它们随后可能会出现器官衰竭。这种真菌通常是通过接触水而进入受害者体内的。毕竟其孢子也可以游泳，就像其潜在宿主一样。

研究人员发现，一些青蛙和蝾螈现在已经会分泌皮肤分泌物来阻止这两种壶菌的生长。虽然只有一小部分物种进化出了这种防御方式，但这至少是个开始。

Claudius（10 BCE—54 AD）
克劳狄一世（公元前 10 年—公元 54 年）

克劳狄一世曾是罗马皇帝，可能因吃了一道菜而死，菜中不仅包含了一种可食用的蘑菇——橙盖鹅膏菌（英文俗名 Caesar's mushroom，因是独裁者最喜欢的品种而得名），而且可能还有一种有毒的鹅膏菌。

在克劳狄一世以通奸罪处死他的第三任妻子梅萨利娜后，他娶了他的侄女小阿格里皮娜。据说，要么是小阿格里皮娜，要么是她的一个名叫洛库斯塔的朋友，在克劳狄一世的晚餐里添加了一种有毒的蘑菇，毒鹅膏或是鳞柄白鹅膏（*A. virosa*），以便尼禄（小阿格里皮娜的儿子）能够登上王位。

一些历史学家认为克劳狄一世可能死于脑血管疾病或仅仅是年老，而不是死于毒蘑菇。如果是这样的话，那么历史上与蘑菇有关的最著名的死亡事件可能与侦探和推理小说中大量的蘑菇死亡事件一样，都是虚构的。

另见词条：毒鹅膏（Death Cap）。

Clusius, Carolus (1526—1607)

卡罗卢斯·克卢修斯

卡罗卢斯·克卢修斯是荷兰植物学家查尔斯·德·埃

克吕兹的拉丁名字。克卢修斯是一位植物学家，在他的国家推广郁金香育种，但他同时也是一位真菌学家，虽然他生活的年代要比"真菌学家"这个词的发明早几个世纪。他的《稀有植物史》（*Rariorum plantarum historia*）是第一本真菌专著，据说其中相当一部分信息来自克卢修斯与所谓的草药女、女巫医和采根女的谈话[1]。该书出版于1601年，其中的水彩插画可能是由克卢修斯的侄子完成的。

《稀有植物史》为后来的欧洲真菌学研究奠定了基础，其中包括佛兰德牧师弗朗西斯库斯·范·斯特贝克的《真菌集锦》（*Theatrum fungorum*），这本巨著不仅涉及真菌，还涉及马铃薯，因为斯特贝克认为马铃薯类似于松露——毕竟它们都生长在地下，因此值得在他的巨著中占有一席之地。

在克卢修斯的书出现之前，其他著作中提到真菌时只是提供了一些建议，比如哪些菌种可以食用，哪些菌种可以治疗疾病。那些既非食用也非药用的通常被称为"多余

---

[1] 16—17世纪的植物学书籍几乎都是男性所著。一些具有丰富植物知识的女性，例如采集植物和真菌的草药女（herb women）、女巫医（wise women）、采根女（root women），是书稿背后的信息提供者。——审校者注

物"。诚然，克卢修斯本人却把那些不能食用的物种称为有毒的和有害的（noxii et perniciosi）。

克卢修斯是在童年时踢到马勃菌而开始对真菌感兴趣的。

Commercial Harvesting
商业性采收

商业性采收是一种为本地和全球市场收集蘑菇的利润丰厚的活动，在中国尤其受欢迎。在北美，商业采收的中心是西北太平洋地区，那里最常采收的品种是松茸、羊肚菌、鸡油菌、齿菌属（*Hydnum* sp.）真菌和各种牛肝菌。在好的年份，0.45 千克干羊肚菌或干松茸能在欧洲和日本市场上带来 100 美元以上的收益。收集者有时将商业采收的物种称为"作物（crop）"。

这种采收，或者说是过度采收，是否会对未来真菌的生长产生负面甚至是可怕的影响，还有待观察。换句话说，将采收的物种称为"猎物"而不是"作物"是否更合适呢？毕竟，过度采收可能会降低蘑菇产生孢子的能力，这可能会减少特定种群中的基因流动，进而意味着未来蘑菇变少或根本不再有蘑菇。有一个比喻或许很贴切：一大群观鸟者的篮子里装满了蛋。

另见词条：松茸（Matsutake）；羊肚菌（Morels）。

Common Names
俗　名

俗名经常在学术殿堂里遭到质疑，因为它们不科学。常见的真菌俗名有臭鱿鱼（stinky squid）、天使的翅膀（angel's wings）、地舌（earth tongue）、果冻宝宝（jelly baby）、南瓜灯（jack-o'-lantern）、艺术家的浮雕（artist's conk）、刺猬（hedgehog）、鸟巢（bird's nest）、墨汁鬼伞（inky cap）、猪耳朵（pig's ears）、沼泽灯塔（swamp beacon）、死人指（dead man's fingers）和女巫黄油（witches' butter）。这些俗名往往提供了有关真菌的准确描述。还有一些常见的名字，比如棍子上的粪便（shit on a stick）就非常有趣，也比这个物种的拉丁名 *Apiosporina morbosa* 更容易记住。它们也比大多数双名更容易在人们的脑海中留下印象。真菌学家加里·林科夫有一个关于非真菌物种的说法："当你看到一头灰熊冲过来时，你会说'有 *Ursus arctos*'吗？"

俗名在社交活动中是非常有用的，因为它们可以吸引那些对真菌一无所知的人。对这些人来说，一种真菌可能藏在一堵看似不可逾越的、不断变化的拉丁文墙后面。一旦被吸引，他就可能，只是可能，成为一个严肃的真菌学家。

这本真菌百科为读者提供了一个平等的选择：描述一个物种时会同时用它的俗名和拉丁名，除非所讨论的物种还没有被赋予一个俗名，在这种情况下，只好仅仅使用拉丁名。

Cooke, Mordecai Cubitt (1825—1914)
莫迪凯·库比特·库克

库克是英国植物学家和真菌学家，被称为"维多利亚时代的嬉皮士"，他在一本名为《睡眠七姐妹》（1860 年）的药物经典书卷中记录了他对精神活性物质和麻醉物质的兴趣，这本书似乎是对毒品合法化的早期尝试。由于库克书中的"姐妹"之一是毒蝇伞，《爱丽丝梦游仙境》中的场景可能就是受到了这本书的启发，在吸食水烟的毛虫的建议下，女主角吃了一个蘑菇，使她的身体时而变大，时而变小。这本书的标题也启发了加利福尼亚一个同名金属音乐乐团。

库克关于真菌的著作还包括《简明英国真菌记录》（*A Plain and Easy Accounting of British Fungi*，1862 年）、《锈菌、黑粉菌和霉菌》（*Rusts, Smuts, Mildews, and Moulds*，1870 年）、《英国食用菌》（*British Edible Fungi*，1891 年）和《可食用与有毒蘑菇》（*Edible and Poisonous Mushrooms*，1894 年）。他是一位名副其实的博物学家，还写过蠕虫、植物、黄蜂、爬行动物和海洋生物。他还编辑了一本杂志，名为《科学八卦》（*Science Gossip*），名字很有趣，但有点矛盾。

另见词条： 爱丽丝梦游仙境（*Alice's Adventures in Wonderland*）；毒蝇伞（Fly Agaric）。

Coprophiles

嗜粪菌

嗜粪菌指的是在食草动物（尤其是绵羊、牛或鹿这类反刍动物）的粪便中生长子实体的真菌。毕竟这些粪便有未消化的植物残渣、相对较高的 pH 值以及充足的氧气，真菌怎么会不喜欢呢？

动物的胃液往往会激活大多数嗜粪菌的孢子，从而使大量真菌开始生长。水玉霉菌这类接合菌通常最先出现，其次是子囊菌，然后是鬼伞菌（Coprinus sp.）。鬼伞属的拉丁名意为"生活在粪里"。鬼伞菌想把所有的粪便据为己有，所以它的菌丝能很好地抵御竞争对手。这些嗜粪菌与细菌和昆虫一起分解粪便并重新吸收其营养物质。

嗜粪菌会将孢子排放到很远的地方，以防止孢子落在自己的生长基质——粪便中，毕竟自尊心强的食草动物不会吃这些基质。例如，水玉霉属真菌可以将其囊中约 9 万个孢子发射到 1.8 米远的地方。这个行为启发了一个当代舞蹈团，他们给自己取名为 Pilobolus，进而以同样的活力活跃在舞台上。

子囊菌中的荚孢腔菌（Sporormiella）不仅能在当代动

物的粪便中找到，在猛犸象的排泄物化石中也曾被发现。

另见词条：布勒氏液滴（Buller's Drop）；墨汁鬼伞（Inky Cap）；接合菌（Zygomycetes）。

Corals

珊瑚菌

不要把珊瑚菌与叫作蘑菇珊瑚（即辐石芝珊瑚，*Heliofungia actiniformis*）的海洋珊瑚混淆，尽管许多珊瑚菌的形状非常像海洋珊瑚。珊瑚菌有分枝的，也有不分枝的，有坚硬的，也有富于弹性的或凝胶状的。珊瑚菌对生长在什么基质上并不挑剔，你可以在木材、落叶或地面上找到它们的身影。

珊瑚菌通常比较难辨认，这在某种程度上是因为它们的颜色极具多样性，有黄色、紫色、紫罗兰色、红色、粉色、米色、棕褐色、棕色、灰色或白色。珊瑚菌的基部或主干是无性的，但子实体的其余部分被带有孢子的担子所覆盖。沼泽灯塔（即地杖菌属，*Mitrula* sp.）和地舌菌

Clavaria zollingeri

董紫珊瑚菌

科真菌（毛舌菌属，地舌菌属，小舌菌属 / *Trichoglossum*, *Geoglossum*，*Microglossum*）与珊瑚菌长相类似，但它们是子囊菌，而珊瑚菌属于担子菌。

许多珊瑚菌都是可食用的，尽管人们更看重的是其松脆的口感而不是味道。但是为什么会有人想吃呢？例如，董紫珊瑚菌（即佐林格珊瑚菌，*Clavaria zollingeri*）那迷人的紫色难道不会让人感到窒息吗？

Corn Smut (*Ustilago maydis*)

玉米黑粉菌

玉米黑粉菌是一种担子菌，能在玉米穗上产生充满孢子的大瘿，受感染的玉米穗上，每个菌瘿可以产生多达250亿个孢子。

被玉米黑粉菌感染的玉米在墨西哥是一种可食用的食物，被称为"huitlacoche"，如今在北美的其他地区和欧洲也开始越来越多地被食用。"Huitlacoche"这个名字来源于阿兹特克人对这种真菌的称呼，有时被翻译为"乌鸦的粪便"，因为这些菌瘿往往会渗出一种黑色的、令人倒胃口的液体。（注意：真正的乌鸦粪便通常是白色的。）

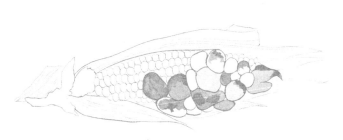

Ustilago maydis
Corn Smut

玉米黑粉菌

无论是"乌鸦的粪便"还是"黑粉菌"，这些词都不是特别能刺激食欲，所以在英语国家，这种物种被重新命名为"墨西哥松露"，这样一来潜在的食客似乎能更容易接受玉米黑粉菌了。

另一种黑粉病是由菰黑粉菌（U. esculenta）造成的，它生长在亚洲，会感染野生水稻的芽和茎。在中国，这种被真菌感染的食物（即茭白）不仅被视为美食，还被视为利尿剂和泻药。目前，菰黑粉菌还不能进入美国，因为担心会影响到美国的野生水稻。

Cramp Balls（*Daldinia* sp.）
炭球菌（轮层炭壳属）

炭球菌呈圆形，是一种红棕色或黑色的核菌，之所以俗名叫作抽筋球（Cramp Balls），据说是因为如果把它们放在患者的口袋里偶尔摩擦一下，就能缓解关节炎导致的痉挛。人们还认为，如果女性将一个炭球菌放在腋下并保持不动，就可以缓解痛经。也算有道理吧，把一个坚硬的、核桃大小的核菌放在胳膊下至少可以分散人们对痛经的注意力。

炭球菌也被称为阿尔弗雷德国王的蛋糕（King Alfred's cakes），这位君主不是什么著名的糕点厨师，这个名字源自他在英格兰沃灵福德躲避维京人的时候让一些蛋糕在烤箱中烤了太长时间，最终烤成了黑炭。

炭球菌是生在落叶树上的腐生菌，尤其喜欢白蜡树。它们能在干燥的天气里茁壮成长，菌丝会释放出化学物质来阻碍其他真菌抢夺地盘。能在干燥天气中茁壮成长的另一个原因是，它们的组织似乎比大多数其他木栖真菌更能保持水分。与大多数真菌不同，炭球菌在夜间释放孢子。

如果切开某种炭球菌，你会看到一个看起来像（用真菌学家杰克·罗杰斯的话来说）"靶心"的横截面。

另见词条：核菌（Pyrenomycetes）

Crust Fungi

革 菌

革菌也叫伏革菌，指的是来自至少 10 个不同目的物种的集合，因为似乎不适合被分到其他类别中，所以被聚在一起叫作革菌。

革菌通常生长在已经枯死或垂死的木头上，子实层面可以是光滑的、卷曲的、杯状的、疣状的、管状的或齿状的。虽然大多数革菌的形态是平伏的，但韧革菌属（*Stereum*）通常有菌盖，革菌属（*Thelephora*）往往呈现出花瓶状。至少有一种革菌——比如朱红脉革菌（*Cytidia salicina*）——是胶状的。另有几种革菌具有皱孔型的表面，也就是说这些表面有时会以一种奇怪的方式起皱。大多数革菌是腐生菌，但也有少数 [比如棉状菌属（*Byssocorticium*）和棉革菌属（*Tomentella*）] 是外生菌根，主要利用宿主木材作为其子实体的栖息地，其菌丝体则进入地下，与潜在伙伴的根系连接。

由于大多数革菌不是特别有魅力，色彩不鲜艳，不可食用，在野外难以识别，所以在专门介绍北美真菌的指南中它们往往被忽略。即便如此，它们中的很大一部分仍因其重新利用枯木的天赋，在生态学上具有十分重要的价值。

另见词条：平伏（Resupinate）

Cultivated Mushrooms

栽培蘑菇

这个短语不是指受过高等教育的蘑菇，而是指生长在原木、咖啡渣、木屑、秸秆、回收纸或硝酸铵上的蘑菇，往往用来制作汤、面食或披萨。一些食用真菌还无法人工栽培，如鸡油菌、羊肚菌和牛肝菌。

常见的栽培蘑菇包括香菇（*Lentinula edodes*）、平菇（即侧耳属，*Pleurotus* sp.）、金针菇即绒柄金钱菇（*Flammulina velutipes*）、灵芝（*Ganoderma lucidum*）和双孢蘑菇（*Agaricus bisporus*），最后一种现在已经被发现在加利福尼亚有野生生长。波特贝勒菇是双孢蘑菇的成熟菇体，它们露出发黑的菌褶，而不是隐藏起来[1]。不久以前，人们认为发黑的菌褶对食客不是特别有吸引力，因此倾向于培育闭合菌褶的双孢蘑菇品种，因此得名"纽扣菇（button

---

1　波特贝勒菇（Portobello mushroom，或称大褐菇）是双孢蘑菇的一个商业种植品种。其体型较大，呈褐色，食用时取蘑菇充分成熟阶段，此时伞盖完全打开，露出深褐色的菌褶。常在伞盖内填上肉或芝士馅料烤制食用。栽培双孢蘑菇的另一个商业品种是常见的白色纽扣菇。其体型较小，呈白色，食用时取蘑菇未成熟的阶段，此时伞盖尚未打开，褐色菌褶隐藏在内。——审校者注

售卖切片纽扣菇

mushroom）"。

　　由于美国一半以上的蘑菇都种植在宾夕法尼亚州的肯尼特广场，该地区因此称自己为"世界蘑菇之都"。在此对不那么商业化的栽培者做一个提醒：平菇和香菇通常在室内或封闭的环境中生长，会产生数百万孢子，栽培它们的人有可能会产生过敏反应。

另见词条：灰树花（Maitake）；平菇（Oyster Mushroom）；灵芝（Reishi）；香菇（Shiitake）

Cyphelloid Fungi

杯 菌

有一大堆物种可谓"效颦"子囊菌——它们实际上是担子菌，但是很多都是杯状的，看上去就像盘菌纲的成员。DNA 测序最近将这些杯形真菌归为有褶的蘑菇。

杯菌有些是管状的，有些有短柄，有些边缘长出毛，有些则像胶质菌一样可以干燥和复活好几次。除了一种学名为 *Merismodes anomala* 的杯菌生长在前一年的核菌上之外，几乎所有的杯菌都倾向于生长在腐烂的木头上。通常会有数百个子实体紧密地挤在一起，以至于它们常被误认为是一个具有非常大孔隙的平伏多孔菌。然而，仔细观察这些"孔"，就会发现它们是一堆杯菌。

杯菌包括的菌属一般有 *Flagelloscypha*，*Stigmatolemma*，*Rectipilus*，*Merismodes* 和 *Henningsomyces*。一种叫作雪白亨宁管菌（*Henningsomyces candidus*）的白色管状真菌可能是北美最常遇到的杯菌。它是以 19 世纪的德国真菌学家保罗·亨宁斯（Paul Hennings）的名字命名的，而不是电视情景喜剧《贝弗利山人》的创作者保罗·亨宁。

另见词条：盘菌（Discomycetes）；平伏（Resupinate）。

Cystidia

囊状体

囊状体主要存在于伞菌或多孔菌中，是无性细胞，通常位于这些蘑菇的担子之间，囊状体有几个重要的用途：

充当支柱，将菌褶或菌孔分开，从而防止它们塌陷；

捕获空气，有助于为正在发育的孢子提供有利的湿度；

当孢子掉落时，它们会给孢子更多的空间；

通过创造通道来增强水分的运输，从而帮助菌褶或菌孔保持水分。

囊状体有多种类型，包括：

胶质囊状体，表层带有一层油；

褶缘囊状体，一般出现在菌褶的边缘；

薄壁囊状体，一般出现在菌褶的表面；

侧生囊状体，外膜非常薄。

囊状体有各种各样的形状，有瓶状的、丝状的、陀螺状的、鱼叉状的、棍棒状的、厚膜的和有角的。通过囊状体的外形可以帮助识别真菌。

另见词条：担子菌（Basidiomycetes）。

Darwin's Fungus（*Cyttaria darwinii*）

达尔文菌（达尔文瘿果盘菌）

达尔文菌是一种与查尔斯·达尔文有关的子囊菌。达尔文在他的小猎犬号航行期间，在南美洲火地岛收集标本。他把这些标本交给了迈尔斯·伯克利牧师，后者以达尔文的名字命名了这一物种。

作为南青冈属（*Nothofagus* sp.）的一种弱寄生菌，达尔文菌看起来像一团橙黄色有凹陷的高尔夫球。根据达尔文的说法，火地岛的居民"似乎认为这些瘤子一样的东西……是一种美味……可贵的珍品"。他补充说，火地岛人"除了这种真菌和一些浆果外，不吃任何蔬菜，他们更喜欢老的、干瘪的真菌而不是新鲜的"。他说，那种口感"黏糊糊的"。

De gustibus non est disputandum。达尔文携带着一罐腌肉，火地岛居民对这种肉黏稠的质地和容器都很反感。也许他们也会好奇这个家伙怎么会觉得这种食物是一种可贵的美味。

| 拉丁语格言，意思是"就口味而言，没有争议"，意味着每个人的喜好都只是主观意见，不可能是对或错。

回到真菌的话题上。在澳大利亚和新西兰南部的山毛榉上也生长着类似的真菌。除非你记得南美洲和澳大利亚曾经由冈瓦纳超大陆连接，否则它们看起来似乎离得相当远。所以，从地质演化的角度来说，这两个地区相距并不遥远。

另见词条：迈尔斯·伯克利牧师（Berkeley, Rev. Miles）。

Dead Man's Fingers
死人指

"死人指"是炭角菌属（*Xylaria*）的一个不够准确的俗名，指的是看起来仿佛烧焦的，有点像患了关节炎的人类手指从地下伸出来（xylos 是希腊文"木头"的意思）。通常，多形炭角菌（*X. polymorpha*）被称为"死人指"，而长柄炭角菌（*X. longipes*）被称为"死妇指"，至少在英语中是这么叫的。这些"手指"都呈纺锤形或棒状，有褶皱，偶有裂纹，带有一个短的圆柱形柄。炭角菌在热带地区比在温带地区更常见，形态也更多样化。

Xylaria polymorpha
DEAD MAN'S FINGERS

死人指

　　这些"手指"会经历真菌学家迈克尔·郭所说的"换装"。它们虽然成熟时呈黑色,但在无性繁殖阶段会被白色粉状孢子(分生孢子)覆盖。坦桑尼亚人认为,如果犯罪的人用这些白色的分生孢子涂抹覆盖自己,即使直接走在警察面前,也无法被看到。

　　最近,有人在几把普通小提琴的琴面上接种了多形炭角菌的菌丝体,结果拉出的声音与斯特拉迪瓦里小提琴的声音非常接近。这似乎表明,由这些腐生菌造成的木材的轻微腐烂，可能是原始乐器发出独特声音的秘诀。

另见词条：核菌（Pyrenomycetes）

D

Death Cap（*Amanita phalloides*）
毒鹅膏

　　毒鹅膏是一种通常为黄绿色的大型蘑菇，带有菌环，底部有一个球茎，散发着一种令人作呕的甜味。毒鹅膏被视为真菌界中人类的头号公敌，因为大约90%的真菌致死事件都是由它造成的。一个中等大小的毒鹅膏可以杀死不止一个，而是两个、三个甚至四个食客。据说，有几个食客在临终前说："但它的味道太美了……"

　　食用毒鹅膏的最初症状包括恶心、腹泻和呕吐。你可能会说，这没什么大不了的，但它的子实体中的毒伞肽和鬼笔毒素（有毒的环肽），会抑制负责合成基因的酶——特别是肝脏和肾脏的基因，这是相对于最初症状后的下一个问题。患者轻则需要输血或肾透析，重则需要肝或肾移植。毒伞肽不惧高温，所以即使毒鹅膏被烧煮、烘焙或煎烤，其结构都不会被破坏。

北美原本没有毒鹅膏，可能是在 20 世纪初随欧洲树木传入的。它的许多受害者都是新来的亚洲移民，他们要么把它误认为高大鹅膏（*Amanita princeps*），要么误认成了草菇（*Volvariella volvacea*）。

另见词条：毒伞肽（Amatoxins）；中毒（Poisonings）。

Desert Truffles
沙漠松露

沙漠松露有时被称为"穷人的松露"，它是块菌科的子囊菌，呈圆形或陀螺状，是非洲和中东沙漠地区为数不多的食物资源之一，在那里，它们被放在灰烬中烘烤或晾干以备后用。沙漠松露尝起来有点甜，这可能是因为它们的碳水化合物含量相对较高，达 21%。

和其他块菌一样，沙漠松露也是菌根真菌，不过它与灌木和草本植物共生，而不是树木。其中一种学名叫作 *Tirmania nivea* 的沙漠松露，和沙漠开花植物岩蔷薇（即半日花属，*Helianthemum* sp.）共生。

两个有趣的民族真菌学小知识：有人认为沙漠松露是《圣经》中的吗哪，是帮助以色列人在荒野生存 40 年的主要食物；而卡拉哈里沙漠的某些居民则认为沙漠松露是被称为"闪电鸟"的鸟类的蛋。

沙漠松露包括地菇属（*Terfezia*）、*Tirmania* 和猪块菌属（*Choiromyces*）这三个属。

另见词条：民族真菌学（Ethnomycology）；耐旱菌（Xerotolerant Fungi）。

Discomycetes

盘　菌

盘菌是子囊菌的一个分纲，其成员通常被称为"杯状菌"，尽管其中相当一部分根本就不是杯状的。有看起来像耳朵的丛耳菌属（*Wynnea* sp.）、像橙皮的网孢盘菌属（*Aleuria* sp.）、像高尔夫球的瘿果盘菌属（*Cyttaria* sp.）、像马鞍的钩基鹿花菌（*Gyromitra infula*）和像大脑的鹿花

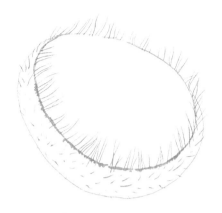

Scutellinia scutellata
Eyelash Cup

睫毛杯菌

菌属（*Gyromitra* sp.）。羊肚菌和大多数松露都属于盘菌。
杯形的盘菌包括棕色杯菌（即多变盘菌，*Peziza varia*）、
紫色杯菌（即紫盘菌，*Peziza violacea*）、睫毛杯菌（即
盾盘菌，*Scutellinia scutellata*）、灰色杯菌（即软盘菌属，
Mollisia sp.）、橙皮杯菌（即网孢盘菌属，*Aleuria* sp.）和
"柠檬糖"杯菌（即橘色小双孢盘菌，*Bisporella citrina*）[1]。

　　盘菌的子实体被称为子囊盘（apothecia），这个词来

---

[1]　这种蘑菇呈橘色杯状，像是盛在 V 形杯里的"柠檬糖"（lemon drop）
鸡尾酒，因此得其英文俗名。——审校者注

源于希腊语 *apotheke*，意思是"仓库"。显而易见，每个子实体都是孢子的仓库。一些盘菌在其子囊盘的顶部或侧面会有一个小盖，而无盖的种属也会有一个孔或不规则的裂口代替盖子，依靠昆虫、雨滴或小型哺乳动物来打开它们的囊。

如果你吹或轻敲子囊盘，有时会看到孢子排出的景象，就像微型版的马勃菌孢子雾。

另见词条：子囊菌（Ascomycetes）；羊肚菌（Morels）.

Djon Djon

海地黑蘑菇

Djon Djon 是海地人对一种小脆柄菇属（*Psathyrella*）真菌的称呼，这种真菌成群生长在树的底部。这个名字可能源于法语词汇 champignon，意为"蘑菇"。

Djon Djon 主要采集于阿蒂博尼特河谷及其周围地区，是海地最珍贵的蘑菇，往往在当地人洗礼、婚礼、圣餐等重要场合中出现。它们通常不是单独吃，而是和米饭一起食用。蘑菇的柄必须去掉，否则会讨人厌地黏在牙齿之间。对那些身在北美甚至海地但又无法接触到这种蘑菇的人来说，调味品公司美极（Maggi）已经为他们制作了Djon Djon 风味的调味块。

DNA 研究表明，海地市场上袋装的 Djon Djon 中可以发现两种或以上小脆柄菇属的真菌。在北美，大多数人可能不喜欢吃小脆柄菇属的真菌，但在西非部落，如班图人和喀麦隆的俾格米人通常会吃它们，所以小脆柄菇属的真菌可能是随着奴隶贸易来到海地的。

Dry Rot（*Serpula* sp.）
干朽（干朽菌属）

Serpula 的意思是"蛇"，这个名字来源于它蜿蜒的外表，以及蛇一般一旦潜入一个人家里就会暗中为害的本性。

作为真菌中的水夫甘加丁┃，干朽菌凭借其特殊的菌丝

┃ 著名英国作家鲁迪亚德·吉卜林的诗歌《甘加丁》（1890）中的人物。诗中，甘加丁是一位印度水夫，为英属印度军队工作，因在战斗中为一名受伤的士兵送水而死。——审校者注

可以把水携带到 4.5 米或更远的地方，这些菌丝甚至可以穿过塑料和砖石。我们通常可以看到水从真菌或其菌索中滴落，这就解释了为什么在室内常见的干朽菌叫作 *Serpula lacrymans*（lacrymans 意为"哭泣"）。第二次世界大战期间，由于建筑受到了德国炸弹的轰炸和灭火器中水的洗礼，干朽菌在伦敦肆意生长。

至于"干朽"一词，指的是干朽菌将木材（主要目标：纤维素）变为粉末的行为。英国作家塞缪尔·皮普斯目睹了几艘船被干朽菌损坏，他在 1683 年写道，这些船已经"朽为粉末"。最近的 DNA 研究表明，干朽菌属于牛肝菌科[1]，所以当牛肝菌在建筑周围生长，说它是为了吃你的房子也未尝不可。

干朽菌的另一个物种扇索状干朽菌（*S. himantioides*），通常会在野外死亡或垂死的木材上被发现，而非房屋的木材上。也许干朽菌最初也生长在野外，后来慢慢进化为可以以木质建材和家具为食，毕竟这种木材也是死木，对真菌来说是一种容易食用的基质。

---

[1] 原文如此。干朽菌目前属于牛肝菌目（Boletales）干朽菌科（Serpulaceae），没有看到支持作者说法的证据。——审校者注

Dutch Elm Disease（*Ophiostoma* sp.）

荷兰榆树病（长喙壳菌属）

　　荷兰榆树病常常被简单地称为"DED"，其罪魁祸首是长喙壳菌属，这是一类寄生的、感染榆树的子囊菌，之所以叫作"荷兰榆树病"，是因为首次发现它的是荷兰研究人员，而不是指它起源于荷兰。

　　荷兰榆树病的载体是一种榆树边材小蠹，可能是通过被感染的原木从亚洲进入了北美和欧洲。虽然亚洲的榆树没有受到这种真菌的影响，但其他地区——尤其是年老或衰弱的榆树——就没有那么幸运了。真菌迫使它们的木质部维管束组织中产生侵填物质堵塞其导管，导致树木无法向其叶片输送水分。榆树曾被称作"美国最受欢迎的树"，但由于欧洲榆小蠹高效的孢子传播能力，大批榆树都在真菌到来后的 30 年内死亡。

　　目前，通过杀菌剂和抗病榆树的培育，荷兰榆树病得到了一定的控制。但地球持续不断地变暖，可能会促进携带真菌孢子的欧洲榆小蠹传播荷兰榆树病。这种情况已经发生在携带新丛赤壳属（*Neonectria* sp.）真菌并传播山毛榉树皮病的介壳虫身上，美国东部和欧洲的山毛榉树受到了相当大的影响。

另见词条：栗疫病（Chestnut Blight）

D

Dyes

染　料

　　真菌染料长期以来被世界各地的不同文化所使用。有人认为，北美西部的原住民曾经从叫作彩色木齿菌（*Echinodontium tinctorium*）的多孔菌中获得一种红色染料，并将其涂在脸上，这就是他们曾经被称为"红种人"的原因。这无疑是民族真菌学中的一个谬论，尽管原住民确实使用这种真菌来获得红色颜料。

　　最近，使用羊毛或丝绸作为染色介质，用真菌染料染色，已成为一种流行的工艺。辅助染色过程的媒染剂（固定剂）包括明矾、硫酸亚铁和氯化锡。目前最受欢迎的真菌染料来源是两种蘑菇，一是半血红丝膜菌（*Cortinarius semisanguineus*），另一种是红彩孔菌（*Hapalopilus rutilans*），因为它们能让普通的羊毛呈现出明亮的红色或紫色。其他被广泛用于染色的真菌包括栗褐暗孔菌（*Phaeolus schweinitzii*）、毛柄小塔氏菌（*Tapinella atrotomentosa*）和豆马勃属（*Pisolithus* sp.）真菌，豆马勃属真菌可以将羊毛染成浓郁的金棕色。

几乎任何真菌都可以用于染色。平菇如果不用来吃，可以从中获得一种绿灰色的染料，而美味牛肝菌（*Boletus edulis*）如果不用来吃，可以从中获得一种赤黄色的染料。

地舌菌

不要将 Earth Tongues 与即兴音乐组合 Earth Tongues 混淆，这是一种有柄且扁平的子囊菌。地舌菌有黑色、橙色或黄色，通常可以通过在显微镜下观察它们的孢子来识别物种。这些孢子可以长到 150 微米。用更直观的概念来理解，句子末尾的英文句号大约有 500 微米宽。

地舌菌最喜欢的生境往往是苔藓（尤其是泥炭藓）、湿草、土壤、林地半腐层、腐烂的针叶，以及草地边缘长着苔藓的草皮。在欧洲，一些地舌菌被认为是古草甸和草

Trichoglossum hirsutum
Black Earth tongue

毛舌菌（*Trichoglossum hirsutum*）

原的指示物种。

地舌菌包括地舌菌属（*Geoglossum*）、小舌菌属（*Micro-glossum*）、地勺菌属（*Spathularia*）、无丝盘菌属（*Neolecta*）和毛舌菌属（*Trichoglossum*），其中，最后一个属表面看上去像是被毛发覆盖，但那并不是真正的毛，而是被称为"刚毛"的不育细胞。遇到这些从地面上升起的物种时，你可能会认为地球在向那些虐待它的人伸出舌头。

Ectomycorrhizal Fungi
外生菌根真菌

外生菌根（Ectomycorrhiza，简称 EM）真菌的菌丝体与树木或其他植物的根系之间结合会产生高出地面的子实体。大量中大型肉质蘑菇都参与这种结合。

EM 真菌的菌丝和它的潜在宿主用化学信号互相"问候"，信号互换后双方"达成一致"的话，菌丝就在宿主的根部周围形成一个菌丝鞘。这种鞘被称为哈氏网（Hartig net），以首次记录它的 19 世纪德国植物学家的名字命名，它能帮助植物根部从土壤中吸收无机氮、磷、钾、锌和水。作为回报，宿主将光合作用期间产生的 20% 以上的糖分传递给菌丝体，菌丝体迅速将这些糖分变成海藻糖和糖原。一个寄主的根可以同时与许多真菌物种相连，所以可以将其理解为一种允许"一夫多妻的婚姻"。

与 EM 真菌关联的树木从土壤中吸收大量的二氧化碳，并将其传递给它们的伙伴。不幸的是，空气污染和有毒废物对几乎所有的土壤都有负面影响，进而影响到这种结合，所以 EM 真菌可能正在减少。

另见词条：内生菌根真菌（Endomycorrhizal Fungi）。

Endomycorrhizal Fungi
内生菌根真菌

内生菌根真菌也被称为丛枝菌根（Arbuscular Mycorrhiza，简称 AM）真菌。虽然地球上目前发现的只有 250 种左右的 AM 真菌，但它们为 30 万种陆地植物提供营养。大多数 AM 真菌都属于球囊菌门（Glomeromycota）。

AM 真菌会形成一种叫作丛枝（arbuscules）的组织，经宿主"同意"后插入其根部，为宿主提供水分和养分，特别是磷，并且保护其不受重金属（以及其他毒素）的影响。几乎所有维管植物以及大多数谷物、蔬菜和果树都会与 AM 真菌形成这种关系。由此，袋装 AM 真菌菌丝体经常在园艺商店出售也就不足为奇了。

与 EM 真菌不同，只有少数 AM 真菌有子实体，尽管有些 AM 真菌似乎可以通过产生异常大的孢子来弥补这一缺陷。约 4.5 亿年前的志留纪化石中发现了这种孢子，这可能意味着 AM 真菌或其祖先是地球上最古老的真菌之一。这些真菌在当时似乎就已经与维管植物的祖先形成了共生关系。事实上，甚至可能在近 10 亿年前，它们就与能进行光合作用的水生植物形成了共生关系。

尽管 EM 真菌数量可能在下降，但由于大气中二氧化碳水平升高而导致的温度上升，全球 AM 真菌的数量似乎正在增加。

另见词条：外生菌根真菌（Ectomycorrhizal Fungi）。

内生菌

内生菌大多是小型真菌，定殖在植物的根、叶、树皮和木质部，但不会损害植物。因此，内生菌没有受到宿主的抵抗，因为它们和菌根真菌具有相同的功能——不仅帮助植物抵抗疾病、细菌和环境压力，还能产生次级代谢产物，抵御树皮虫和以树叶为食的昆虫。作为交换，当宿主死亡时，它们通常会优先获得宿主的营养。

大多数内生菌是子囊菌，例如香柱菌属（*Epichloë*）的各种真菌，它们以免费租户的身份生活在各种类型的草地上；还有木霉菌属（*Trichoderma*），它们温和地定殖在植物的根部，还会通过寄生其他对植物不友好的真菌来保护这些根部。

少数担子菌可以改变它们的行为，成为内生菌。其中一个例子是木蹄层孔菌，它有时会对欧洲山毛榉树采取保护行为，因为它是腐生菌，知道自己最终会在其宿主身上得到食物。

在植物体内生活的也可以是真菌以外的生物，甚至是抗真菌的生物。例如，有一种微小的菌食性螨类住在树叶的毛里，当霉菌开始在树上生长时，它通过吃霉菌来保护树叶。

Ergot
麦角

麦角是麦角菌（*Claviceps purpurea*，一种子囊菌）的淡黑色菌核，呈香蕉状。该真菌将其宿主（通常是黑麦、大麦或其他类型的禾本科植物）的雌性性器官（即子房）转化为这种菌核。

你可能会说，这真令人讨厌，但讨厌的事情还不止于此。如果不小心混入人类食物中，麦角中的生物碱——旨在保护自己免受捕食者的伤害——会对人体造成各种伤害。它们会导致血管收缩，因此用餐者会四肢抽搐痉挛，这种病症曾被称为"圣安东尼之火"。它们还可能引起类似坏疽的情况，用餐者不得不截去腿或

Claviceps purpurea
Ergot

宿主上的麦角

胳膊，甚至死亡。事实上，944 年，法国南部约有 4 万人死于"麦角症"；1926 年，苏联有 1 万人死于"麦角症"。1692 年的塞勒姆巫术事件可能也是由食用了黑麦上的麦角菌引起的。

从积极的一面来看，麦角的提取物可以被用来缓解偏头痛以及分娩的疼痛。另外，麦角酸酰二乙胺（又称 LSD）是麦角的衍生物，这是一种致幻剂，是瑞士化学家阿尔伯特·霍夫曼在 1943 年对麦角展开药用研究时意外发现的。

另见词条：菌核（Sclerotium）。

Ethnomycology

民族真菌学

民族真菌学是人类学和真菌学的结合，致力于研究不同文化中关于真菌的习俗、信仰、民间传说以及其食用和药用方法。当前的药用菌热潮表明，民族真菌学在 21 世纪是充满生机和活力的。认为真菌来自外太空的看法并不罕见，也表明了这一点。

　　还有一些更传统的民族真菌学例子：西北太平洋地区的玛卡人曾使用木蹄层孔菌的粉末作为除臭剂；德国人曾认为鬼笔菌生长在雄鹿发情的地方；刚果的某些俾格米人认为地球起源于一种巨大的外星蘑菇；阿拉斯加的尤皮克人将蘑菇称为"魔鬼的耳朵"，并将它们踩在脚下，以免魔鬼听到他们的谈话；智利的马普切人创作过一些祈愿蘑菇结实的歌曲；澳大利亚原住民通过吮吸一种亮橙色的多孔菌来治疗口腔疼痛；加拿大西部的因纽特人曾把马勃的孢子撒在新生儿身上，希望其长大后具有随时隐形的能力。

　　"民族真菌学"一词是由高登·华生创造的，他有时被称为民族真菌学之父。

另见词条：苦白蹄（Agarikon）；阿马杜（Amadou）；白桦茸（Chaga）；仙女环（Fairy Rings）；毒蝇伞（Fly Agaric）；无烟烟草（Iqmik）；帕克（Puck）；神之肉（*Teonanacatl*）；高登·华生 [Wasson，Gordon（1898—1986）]。

Fairy Rings

仙女环

人们曾认为仙女环源自夜间嬉戏的仙女、雷击、被爱冲昏头脑的刺猬、女巫在瓦尔普吉斯之夜的舞蹈，近来还有人认为它因 UFO 着陆而产生。实际上，这是一种由真菌菌丝体向外生长造成的现象，真菌消耗了土壤的营养，因此在中心形成了所谓的坏死区。当菌丝体获得足够的营养时，它就会沿着坏死区产生一圈蘑菇。根据生长环境的不同，仙女环每年可以长几厘米或几十厘米。

Fairy ring

仙女环

仙女环可能相当"长寿"。杯形秃马勃（*Calvatia cyathiformis*）形成的仙女环可以存活 400 年甚至更久。在英格兰南部的巨石阵附近，有一个特别大的仙女环，据估计至少有 1000 年的历史。

在 60 多种能形成仙女环的真菌中，最著名的当属硬柄小皮伞（*Marasmius oreades*），它的俗名就叫作"仙女环蘑菇"。它通过释放氢氰酸——一种杀草剂——来促进植物的坏死过程。毫无疑问，"仙女"是不可能有这种粗鲁行为的。

也有一些真菌能在受感染的皮肤上形成环状，被称为"癣"，这种情况也与仙女的嬉戏没有关系。

另见词条：帕克（Puck）。

Fiction

小 说

蘑菇在小说中占据重要地位，不仅是因为它们可以用来杀死另一个人，而且还因为有时它们的样子看上去就很有故事可讲。除了《爱丽丝梦游仙境》之外，这里还有几个例子：

赫伯特·乔治·威尔斯的短篇小说《紫色蘑菇》(*The Purple Pileus*) 讲述了一个胆小的店主，他有一个可憎的妻子，他们用一种迷幻蘑菇来改善自己生活的故事。

《大象巴巴》是让·德·布吕诺夫写的一本儿童读物，书中讲述了"大象之王"因吃了有毒蘑菇而死去的故事。

《安娜·卡列尼娜》是列夫·托尔斯泰的作品，在这部小说中，难以管教的孩子们一想到能去采蘑菇就变得兴高采烈，一个原本急于向女人求婚的男人最终只是与她谈论起如何辨认蘑菇。

儒勒·凡尔纳在《地心游记》中描写了一段穿越巨大的地下蘑菇森林的旅程。

英国作家威廉·霍普·霍奇森的恐怖故事《夜之声》(*The Voice in the Night*) 讲述了一名男子遭遇海难，被困在一个充满邪恶真菌的岛上的故事。

《蘑菇行星奇遇记》(*Stowaway to the Mushroom Planet*) 是埃莉诺·卡梅伦写的一本童书。书中，两个男孩乘坐宇宙飞船去了一个叫担子星的星球。

多萝西·塞耶斯的神秘小说《涉案文件》(*The Documents in the Case*)中，蘑菇被用作杀人武器——这本书可谓小说作家似乎对真菌学一无所知的绝佳案例。

Fly Agaric（*Amanita muscaria*）
毒蝇伞（毒蝇鹅膏）

毒蝇伞是一种相对较大的蘑菇，它的红色帽子上有白色的斑点，称为疣，柄上有一个裙子状的环。其俗名源自一种观点，如果你把几只毒蝇伞弄碎，放在一个装满牛奶的碟子里，它们就会杀死被牛奶吸引而来的苍蝇，或至少使之昏迷。毒蝇伞的名字就是这么来的。毫无疑问，毒蝇伞是世界上最具标志性的蘑菇，它出现在圣诞贺卡上，出现在 1940 年沃尔特·迪士尼的电影《幻想曲》中，还出现在苏联的宣传语中。它还能让任天堂电子游戏中的小马里奥变成超级马里奥。

西伯利亚的原住民曾利用毒蝇伞联系他们的祖先，因为这种蘑菇中的生物碱——鹅膏蕈氨酸和毒蝇蕈醇会使人体产生高水平的血清素，这可能会导致欣快感或嗜睡，并

Amanita muscaria
Fly Agaric

毒蝇伞

给人飞行的错觉。生物碱的浓度因毒蝇伞个体的不同而不同，所以当一个人感觉自己在飞行时，另一个人可能会觉得自己还在地面上。

与流行的观点和英国侦探小说相反，毒蝇伞从未与任何人的死亡有过牵连。

Fly Killers

苍蝇杀手

不要把苍蝇杀手与毒蝇伞混淆，苍蝇杀手是一种寄生菌，在解决苍蝇方面可以和苍蝇拍一样有效。

以接合菌中的蝇虫霉（*Entomophthora muscae*）为例，它在空气中传播的孢子有一层黏性的涂层，能黏住苍蝇。黏上苍蝇后，孢子就会产生芽管，通过酶的作用穿过苍蝇的角质层。很快，菌丝体就会堵塞苍蝇的气门或呼吸管。通常情况下，这种菌丝体会让苍蝇（通常是雄性）像醉汉一样摇摇晃晃，用吻部将自己附着在某一基质上，张开翅膀，临死前苍蝇的腹部还会膨胀。换句话说，这只苍蝇会摆出一种雌性接受交配的姿势，从而激发其他雄性苍蝇过来与之交配。后来的雄性苍蝇很快就能成为新的宿主。苍蝇杀手就像夏洛克·福尔摩斯说的："非常狡猾。"

你会经常看到一只被蝇虫霉黏在窗玻璃上杀死的苍蝇，它的周围有一圈白色"光环"。这个"光环"由无性孢子组成，这些无性孢子是从特定的孢子体上喷射出来的。

虫霉属的另一个物种花冠虫霉（*E. coronate*）能为蚊子提供类似的"服务"。

另见词条：冬虫夏草（Caterpillar Fungus）；僵尸蚂蚁（Zombie Ants）；接合菌（Zygomycetes）。

Fries, Elias Magnus (1794—1878)
伊利阿斯·马格努斯·弗里斯

伊利阿斯·马格努斯·弗里斯是瑞典真菌学家，有时被称为"蘑菇分类学之父"，他的三卷本《真菌系统》（*Systema mycologicum*）是有史以来第一本综合性的真菌目录。

弗里斯一生中共描述了 3000 多个物种。他认为，真菌的特征几乎完全可以通过经验观察来确定，因此他的描述是基于大小、形状和孢子颜色等外在形态。这种分类方法现在仍然被称为"弗里斯分类法"。

　　大多数时候，弗里斯喜欢使用解剖显微镜而不是复合显微镜，因为他对微型真菌几乎没有兴趣，他把微型真菌列为"低等"，大型真菌则是"高等"。他对真菌的气味也没有兴趣，或者至少懒得记录，这可能是因为他对鼻烟的热爱堵住了他的鼻腔，令他难以察觉和分辨这些气味。

另见词条：气味（Smell）。

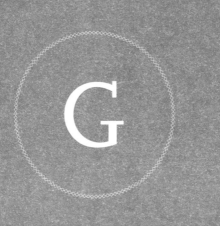

胃肠道

胃肠道是大多数蘑菇中毒发作的位置。其症状包括恶心、腹部痉挛、呕吐和腹泻，类似于贝类过敏。原因通常是食用了可疑的真菌。

另一个中毒原因是过于轻信互联网，网上有很多错误的鉴定信息。一个对蘑菇知之甚少或一无所知的人用自己的手机拍了一张照片，然后把它与一个拉丁名（也许是随便一个拉丁名）一起发布。有人以此为参考，发现了一个与该图片相似的蘑菇，并高兴地吃掉了它。结果呢？可能要去厕所，甚至去急诊室。

完全可以食用的蘑菇也常常造成中毒，特别是已经腐烂的。这些蘑菇你永远不会在超市里买到，但在自然界中很容易找到，也因此会被一些人食用。此外，在喷洒了杀菌剂或杀虫剂的地区采集的食用蘑菇，或在靠近道路、汽车排放大量二氧化碳的地方采集的蘑菇也会引起肠胃不适。

少数因胃肠道中毒而死亡的人要么是耄耋之年，要么尚在幼冲，要么免疫力非常低下。

另见词条：中毒（Poisonings）。

Gills

菌褶

菌褶是蘑菇菌盖下侧呈放射状排列的结构，用真菌学家伊丽莎白·摩尔-兰德克的话来说，"就像一本半开的书"。有菌褶的蘑菇有时被称为伞菌[1]。

对于任何具有菌褶的蘑菇来说，菌褶都是最重要的结构，因为它们负责释放孢子。它们有高度的向地性，所以如果你把一个有菌褶的蘑菇倒置，它的菌褶会试图再次垂直于地面，以便更好地释放孢子。

描述蘑菇菌褶与菌柄关系的专业词汇包括：离生（不与菌柄连接）、弯生（与菌柄少量连接）、直生（与菌柄直接连接）、半延生（沿菌柄短距离向下）和延生（沿菌柄长距离向下）。

和动物一样，菌褶会随着年龄的增长而改变颜色。例

---

[1] 原文如此，实际上很多没有菌褶的蘑菇也属于伞菌。——审校者注

如，酒红球盖菇（*Stropharia rugosoannulata*）的菌褶一开始是白色或奶油色，然后变成灰紫色，最后变得发黑。然而，菌褶的颜色并不总是能指示出孢子的颜色。这就是为什么从要鉴定的真菌上取孢子印是非常重要的。

另见词条：担子菌（Basidiomycetes）；布勒氏液滴（Buller's Drop）；孢子印（Spore Print）

Green Stain

绿斑菌

绿斑菌又称蓝斑菌或蓝绿斑菌，指的是绿杯盘菌属（*Chlorociboria*）的真菌，它们的菌丝体会产生一种叫作盘菌木素的醌类色素，呈现出绿色。人们有时会把它误认为树上褪色的路标，或误认为是冷杉半帚霉（*Leptographium abietinum*）——一种会在云杉边材上造成灰绿色或蓝色斑点的真菌。

绿斑菌可以在腐坏的落叶木材上找到，尤其是橡树。这个典型的例子说明了一个经常被忽视的事实：居住在木头上的真菌是有领地意识的"野兽"，因为绿斑菌的颜色实际上是在对其他真菌"宣示"："这木头是我的，我想吃它，所以请离远点。"

如果你在秋天翻动一根覆盖着绿色污渍的木头，很有可能会发现一群迷人的、绿色的杯状真菌。

绿斑菌对木材造成的损害主要在于美感。这种破坏在18世纪和19世纪的英国反而变成了一种时尚，被绿斑菌染色的木材被用于木制品和家具的装饰，上面镶嵌着源自真菌的绿色贴片。

另见词条：菌染变色（Spalting）

发 冰

发冰是一种很不寻常的现象，在寒冷的地方，或温带地区寒流时节的冬日清晨有可能观察到。首次记录它的是德国地球物理学家、大陆漂移理论的提出者阿尔弗雷德·魏格纳。

碰巧的是，发冰本身也有"漂移"一说，只是相关的现象在于木材而不是大陆。在温度很低，甚至冰点以下时，某些真菌的菌丝体继续分解着它们栖息的木材，这导致水分通过木材的髓射线（即从木材中心向表面辐射的线）向外流动。在到达表面后，水分由于低温变成了一层冰，被称为发冰。你必须在正确的时间和地点才能看到这种现象，若非极低的室外温度，发冰很快就会融化。

可以导致发冰的真菌往往是隔孢伏革菌属（*Peniophora*）和拟黑耳属（*Exidiopsis*）的革菌。

Hairs

绒　毛

绒毛实际上不是毛发，而是子实体表面的菌丝。它们可能会帮助子实体吸收水分，或者挡住昆虫避免子实体被吃掉，毕竟被吃掉就不能产生孢子了。

绒毛根据其质地、数量和外观有不同的名称。其中包括以下几种：

具蛛丝状毛的（arachnoid，有蜘蛛网状的毛）；

具细纤维的（fibrillose，覆盖着纤维状、线状的毛）；

具长硬毛的（hirsute，覆盖着长而粗的毛）；

具糙硬毛的（hispid，覆盖着硬的、直立的毛）；

被短柔毛的（pubescent，有短而细的毛）；

被绢毛的（sericeous，覆盖着短而有光泽的毛）；

具糙伏毛的（strigose，有粗大、厚实、坚硬的毛）；

被绒毛的（tomentose，有密集的、无光泽的软毛）；

具天鹅绒毛的（velutinate，有短毛，表面如天鹅绒一般）；

具长柔毛的（villose，覆盖着长而柔软的毛）；

帚状的（virgate，有浅色的毛，通常是条纹状的）。

我们通常可以通过真菌的绒毛来辨别它们，例如是"具糙硬毛的"而非"具细纤维的"。无绒毛的真菌被称作glabrous（即"无毛的"）。

Hálek, Václav (1937—2014)

瓦茨拉夫·哈莱克

瓦茨拉夫·哈莱克是捷克作曲家，在真菌的启发下写了大约 1500 首作品。有一天，他在树林里散步时，偶然听到盘菌中的杯状疣杯菌（*Tarzetta cupularis*）在"唱歌"，瞬间顿悟。后来，他每次在林间散步时都会仔细聆听，正如他所说："我相信每个蘑菇都有自己的特殊旋律。"他大多数基于真菌的作品是钢琴曲，但他也写了一首《真菌交响曲》，在乐曲中我们能听到一整片森林的蘑菇在唱歌，似乎还能听到贝拉·巴托克[1]的乐声。

哈莱克的作品可能是共感的一个例子，或者是一种捷克式幽默，又或是一种复杂的、疯狂的音乐形式。哈莱克

1　贝拉·巴托克（1881—1945），匈牙利著名作曲家，20 世纪最重要的音乐家之一，其作品融合了丰富的民间音乐素材。——审校者注

也是一位真菌学家，与他人合著了几篇科学论文，所以也许他只是以一种有点非传统的方式将自己的两种爱好融合在了一起。

另见词条: 音乐（Music）。

Honey Mushroom（*Armillaria* sp.）
蜜环菌（蜜环菌属）

蜜环菌是一类浅棕色或奶油色的蘑菇，通常有一个略带鳞片的菌盖，在其柄部有一个环。虽然蜜环菌有很多种，但几乎所有的蜜环菌都在落叶树（偶尔在针叶树）的基部和附近成群生长。

不要以为叫作蜜环，它们就都是甜蜜和光明的。这个名字是指它们的颜色，而非性情，因为它们是可怕的寄生菌，能导致所谓的鞋带状腐烂病。蜜环菌的菌索（线状菌丝束）在土壤中传播，直到接触到潜在寄主的根。它们切断营养物质，阻碍其流向宿主的树干，然后向上移动，一边移动一边消化木质素。一般来说，在看到蘑菇本身之

Armillaria mellea
Honey Mushroom

蜜环菌（*Armillaria mellea*）

前，你就能观察到这个消化过程——树根处能看到蜷缩的树皮，树叶也会比原来更早脱落。

　　蜜环菌的菌索可以从一个宿主传播到另一宿主。它们体表覆盖着一层保护层，能存活 100 年或更久。

另见词条：生物发光（Bioluminescence）；巨大菌（Humongous Fungus）；寄生菌（Parasites）

Horsetails（*Equisetum* sp.）

木贼（木贼属植物）

作为最古老的维管植物，木贼通过孢子而非种子繁殖。它在茎的顶端产生一种圆锥状结构，称为孢子叶球。这种结构看起来有些像蘑菇，有时也确实会被误认为是蘑菇。

在长期潮湿的地方，木贼能很好地生存，但在非常干燥或非常寒冷的地方，或者当条件突然变得干燥或寒冷时，它们的根会向菌根真菌，尤其是内生菌根真菌发出求助信号。这时，一个或多个菌丝体通常会来帮助它们。这被称为兼性菌根关系。

问荆
（*Equisetum arvense*）

木贼只有在活着的时候才能够支配它们的真菌伙伴。木贼死亡后，它会成为几种子囊菌的宿主。其中一种是短毛盘菌属下的 *Psilachnum inquilinum*，通常生长在前一年腐烂的木贼茎上，另一种是叫作 *Loramyces macrospora* 的水生真菌，生长在浸水死亡的木贼上。

另见词条：内生菌根真菌（Endomycorrhizal Fungi）；水生真菌（Indwellers）。

Humongous Fungus

巨大菌

巨大菌是一个非正式的短语，先是用于描述一种叫作高卢蜜环菌（*Armillaria gallica*）的蜜环菌，其菌丝体在密歇根州共占据了12公顷的土地，并最终进入了脱口秀主持人大卫·莱特曼的"十大"名单，无疑是有史以来第一个出现在电视喜剧节目中的菌丝体。然后，这个短语又被用来描述另一种蜜环菌——奥氏蜜环菌（*A. ostoyae*），其菌丝体在华盛顿延伸了647公顷。目前，这个短语指的是俄勒冈州东部马尔霍尔国家森林公园中另一片奥氏蜜环菌的菌丝体。这片菌丝体被认为是目前世界上最大的生物。它占地964公顷，重约35 000吨，估计至少有2400年历史。

然而，对于这种真菌所谓的庞大程度，人们意见不一。许多反对者将其与美洲颤杨（*Populus tremuloides*）相比较，因为美洲颤杨可以克隆自己的根。在犹他州，某一美洲颤杨林场中的一些树根可能有 8 万年的历史。当然，大多数树根都没有那么久远。

有时，高贵多孔菌或树舌灵芝的子实体也被称为巨大菌。

另见词条：老牛肝（Artist's Conk）；蜜环菌（Honey Mushroom）；高贵多孔菌（Noble Polypore）。

Hygrophanous
湿性变色

这个词指的是蘑菇因为老化、失水或吸水产生的颜色变化，特别是它的菌盖。例如，某一真菌的菌盖是棕色的，第二天可能会变成红色，再过一天左右又会变成奶油色。通常情况下，颜色的变化从菌盖的中心开始，然后向外移动。某些小脆柄菇属的真菌会经历极端的颜色变化，特别是当它们暴露在阳光下时——菌盖在清晨可能是非常深的棕色，到了晚上则是奶油色或几乎白色。有时蘑菇的柄也会发生颜色变化。

如果你知道自己采集的田头菇属（*Agrocybe*）、盔孢伞属（*Galerina*）、裸盖伞属（*Psilocybe*）、斑褶菇属（*Panaeolus*）、鳞伞属（*Pholiota*）或小脆柄菇属（*Psathyrella*）真菌会变色，就很容易鉴别它们具体是哪种真菌了。

Hyphae

菌　丝

菌丝指的是从显微镜中看到的菌丝体的细丝。每种蘑菇的"肉"都由大量的菌丝组成，因此，如果你在吃鸡油菌、美味牛肝菌，甚至云蕈，你实际上是在吃菌丝。

通常，菌丝被名为隔膜的东西分割成多细胞结构，菌丝细胞只在菌丝体顶端生长，这样做的目的是探索各种微生境，分泌各种酶，以便消化它们喜欢的营养物质。你可以把这些酶想象成胃液，只不过是在外部产生的。所有菌丝都能消化糖和氨基酸，但有些菌丝能消化更复杂的物质，如淀粉、木质素和纤维素。少数菌丝，如爪甲团囊菌目，还可以消化角蛋白。

在压力下，或者当它们希望离开已经耗尽能量的基质并寻找新的基质时，菌丝会将自己捆绑在一起，形成一个可见的结构，称为菌索或根状体。与单个菌丝的宽度相比，这种结构可能非常巨大——宽可至 5 毫米。最常见的菌索是被称为"鞋带"的蜜环菌属根状菌索。

另见词条：蜜环菌（Honey Mushroom）；菌丝体（Mycelium）。

H

Indian Pipe（*Monotropa uniflora*）

印第安烟斗（水晶兰）

　　印第安烟斗也被称为尸体植物、幽灵烟斗、荷兰人的烟斗、冰草或幽灵花。印第安烟斗分布在世界各地，是一种全白的开花植物，其根部会吸引菌丝的青睐，然后与菌丝形成联结。与它合作的真菌主要是红菇属（*Russula*）的真菌，通常是短柄红菇（*R. brevipes*），有时

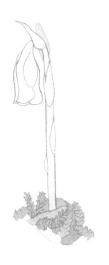

Monotropa uniflora
Indian Pipe

印第安烟斗

候也可以是乳菇属（*Lactarius* sp.）的菌丝体，印第安烟斗从这些菌丝中窃取糖分。由于缺乏叶绿素，它可能不曾向菌丝体提供任何回报，所以我们可以说它得到了一份免费的午餐。

另一种与它关系非常接近的植物叫作松下兰（*Monotropa hypopitys*），它与口蘑属（*Tricholoma*）的菌丝体也能形成类似的关系。松下兰是红色，而非白色的，它的苞片（即管状附属物）往往看起来比印第安烟斗磨损得更厉害。

还有一种学名为 *Allotropa virgata*[1] 的植物，专门以松茸为食。和印第安烟斗、松下兰一样，其生存模式有时也被称为真菌异养（mycoheterotroph）。从形式上讲，你可以说所有这些物种跟真菌之间是单向菌根关系。通俗一点来讲，你可以说它们与真菌宿主之间是一种"不道德的三角关系"。

另见词条：松茸（Matsutake）；红菇属（*Russula*）。

1　中文名有称为拐糖花的。

Indwellers

水生真菌

所有的真菌，即使是那些生活在极度干燥地区的真菌，都至少需要一些水，但所谓的水生真菌却需要长期在水中生活。水生真菌中的很大一部分都是子囊菌，栖息在淡水河道和沼泽地中死亡或濒临死亡的有机物上。这类物种主要在春天长出子实体。

最有魅力的水生真菌可能是橙色呈棒状的沼泽灯塔，它以水生植物的茎、根以及腐烂的叶子为食。正如其名，它可以发出轻微的生物光。与水盘菌属（*Vibrissea*）真菌的孢子不同，沼泽灯塔的孢子是随风飘散的。水盘菌属也是一种水生真菌，其孢子又长又瘦，在显微镜下看起来就像微型的蛇，孢子会随水飘散。

一些担子菌也会选择流动水作为它们的栖息地。比如微小球形的 *Bulbilomyces farinosa* 就生长在溪流水位上涨时附近的原木上。水流过来时，这些小球就会离开，捕捉水中的气泡以保持漂浮状态。但由于 *B. farinosa* 只有部分时间生活在水中，所以严格来说，它并不算水生真菌。

最近发现的水生小脆柄菇（*Psathyrella aquatica*）是一种

完全水生的真菌，它生活在俄勒冈州罗格河的水下。对于一种有菌褶的蘑菇来说，这一发现确实令人难以置信。

Inky Cap（*Coprinus, Coprinellus, Coprinopsis* sp.）

墨汁鬼伞（鬼伞属、小鬼伞属、拟鬼伞属）

墨汁鬼伞是一类带有黑孢子的蘑菇，有灰色或白色的鳞状菌盖。大多数墨汁鬼伞通过自我消化释放孢子，也就

Coprinus comatus
Inky Cap

鸡腿菇

是所谓的自溶。当孢子准备好被释放时，水解酶将菌盖边缘转化为墨汁般的黑色黏液，与未释放的孢子一起落在地上，随着这一过程的继续，菌盖开始向上弯曲，同样的水解酶将更多的菌盖变成墨色黏液，更多的孢子落到地上。最后，蘑菇本身除了一个黏着一些黑色黏液的柄以外，什么也不会留下。

如果菌褶之间过于接近，孢子会不会掉不下来呢？"不用担心，"进化论如是说，"我会把所有菌褶都变成一团墨汁，这样问题就解决了。"

常见的墨汁鬼伞有毛头鬼伞（鸡腿菇，*Coprinus comatus*）、晶粒小鬼伞（*Coprinellus micaceus*）和墨汁拟鬼伞（*Coprinopsis atramentaria*）。其中最后一种含有一种叫作鬼伞菌素（coprine）的氨基酸，它会干扰人体对酒精的代谢。如果一个人在饮酒后 24 小时内吃了它，最终会出现相当于酒精中毒的症状。因此它也被称为"小酒鬼的祸根"。狗经常会食用这种鬼伞，但由于狗狗不会用威士忌来搭配食用，所以它们不存在这种困扰。

植菌昆虫

在热带和亚热带地区，人们经常看到切叶蚁（切叶蚁属和顶切叶蚁属；*Atta*，*Acromyrmex*）带着贴在它们上颚的叶子到处走。然而，这些叶子并不是它们的食物。切叶蚁打算用它们的唾液和粪便来擦拭这些叶子，然后往叶子上添加一块现有菌圃中的菌丝体。很快，新的菌丝就会开始生长。这些菌丝通常属于环柄菇科（Lepiotaceae）家族，切叶蚁培养它们，使它们永远不会产生子实体。为什么？因为切叶蚁只吃菌丝体。

大白蚁属（*Macrotermes*）的热带白蚁也从事类似的活动。它们把菌丝体喂给幼蚁和皇室成员（即那些有能力繁殖的白蚁），一旦这些幼蚁达到一定的年龄，就会被剥夺享用这种美味的权利。与切叶蚁不同，热带白蚁对子实体不存在偏见。当它们离开以前的巢穴，并创建一个新的巢穴后，旧巢穴往往会出现一个蚁巢伞属（即鸡枞，*Termitomyces*）的巨无霸蘑菇，其菌盖直径可达 90 厘米。虽然热带白蚁对这种蘑菇不感兴趣，但它在非洲是一种非常受欢迎的食用菌，那里的人会在生长中的蘑菇上贴上标签，以表明对蘑菇的所有权。该蘑菇由传教士探险家戴维·利文斯通（David Livingston）首次以科学的方式记录下来。就是"我猜您就是利文斯通博士吧？"的那个利文斯通[1]。

Iqmik

无烟烟草

在阿拉斯加，约 60% 的尤皮克族成年人对多孔菌上瘾，他们的后代也有相当数量的人是多孔菌成瘾者。这并不意味着他们会直接食用多孔菌或痴迷于鉴别多孔菌，而是说他们会把一种特殊的多孔菌——发火木层孔菌（*Phellinus igniarius*）烧成灰，然后用烟叶包住，从而创造出所谓的 Iqmik。他们将 Iqmik 放入口中咀嚼，菌灰的碱性与烟草的生物碱结合，可以产生短暂但强烈的尼古丁冲击。过多的 Iqmik 可能导致尼古丁中毒，甚至口腔癌或咽喉癌。Iqmik 这个词在尤皮克语中的意思是"放进嘴里的

---

[1] 1871 年，美国探险家亨利·斯坦利在坦桑尼亚偶然遇到久未出现在公众面前的著名探险家利文斯通，说出一句问候语"Dr. Livingston，I presume。"在人类探险史上传为佳话。——编者注

东西"。有时可以在阿拉斯加的原住民商店买到227克的商品化 Iqmik，价格在 40～50 美元。

　　在与做烟草贸易的捕鲸船接触之前，尤皮克人一般用柳叶包裹多孔菌的灰，这是一种更为健康的混合物，因为柳叶中的水杨苷是一种与阿司匹林密切相关的抗炎化合物。

另见词条：民族真菌学（Ethnomycology）；多孔菌（Polypores）。

Jellies

胶质菌

Jellies 并不是指果冻（jelly 的复数），而是一种胶状的黄色、棕色和红色的担子菌。在瑞典，人们曾认为胶质菌是由陪伴女巫的猫吐出来的。而在东欧，人们曾认为它们是女巫在对房子里的人施法之前，贴在房子上的（因此也有"女巫黄油"的俗名）。加拿大因纽特人认为它们是驯鹿的鼻涕，世界上也有不少其他文化认为它们是流星的残留物。在欧洲，黑木耳（*Auricularia auricula-judae*）有时被称为"犹大的耳朵"，正如其拉丁名所示，人们认为它曾经属于加略人犹大，他在一棵接骨木上上吊自杀，而接骨木是黑木耳最喜欢的基质之一。

胶质菌是专门居住在木材上的真菌。银耳属（*Tremella*）的真菌寄生在木头内部一种革菌的菌丝体上，而其他胶质菌则是腐生菌，以新掉落的树枝或嫩叶为食。大多数胶质菌的担子都深埋在凝胶状的基质中，胶质菌可以经历冷冻或脱水，然后在不破坏孢子产生机制的前提下多次复原。这就是为什么它们在冬天很常见，事实上整个冬天它们都能生长。如果你把一颗干枯的木耳放进水里，它通常会在几分钟内恢复到原来的胶质状态。

大多数胶质菌都可以食用，但味道有些寡淡。早在公元前600年，中国就开始栽培毛木耳（*Auricularia polytricha*），它可能是第一种被人类栽培的真菌。

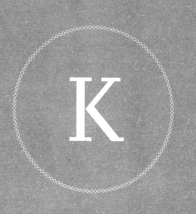

Keratinophiles

嗜角蛋白真菌

由于能产生特殊的酶，爪甲团囊菌目（Onygenales）的真菌有能力消化角蛋白——一种几乎所有其他真菌都认为不好吃的蛋白质。

鉴于我们的皮肤外层有角蛋白，所以一些爪甲团囊菌是皮肤真菌也就不足为奇了。大家都很熟悉的例子包括皮癣病和脚癣，它们通常是由毛癣菌属（Trichophyton）和小孢癣菌属（Microsporum）的皮肤真菌引起的，医学术语上称为体癣和足癣。"皮肤真菌"（dermatophyte）这个词本身表明，真菌不会在皮肤表面下走得很深，但如果不加以治疗，它可以在身体表面扩散得很广。

Onygena equina
Horn Stalkball

马爪甲团囊菌

并非所有的爪甲团囊菌都认为人类是合适的基质。马爪甲团囊菌（*Onygena equina*）生长在某些哺乳动物，特别是绵羊和牛脱落的角以及腐坏的蹄子上，它不在鹿角上生长，因为鹿角是由骨头而不是角蛋白组成。另一种学名为 *O. corvina* 的爪甲团囊菌生长在死鸟的羽毛、动物的毛发束和旧羊毛上。19 世纪，英国牧师、真菌学家迈尔斯·伯克利在舍伍德森林的一件羊毛衫上发现了这一菌种，他认为这件羊毛衫不属于罗宾汉[1]，而是吉卜赛人的。

另见词条：迈尔斯·伯克利牧师 [Berkeley, Rev. Miles (1803—1932)]；鸟粪（Bird Droppings）；蛇菌（Snake Fungus）

King Tut's Curse
图坦卡蒙的诅咒

曲霉属（*Aspergillus*）的几种真菌能在干燥、封闭的环境中生长，如谷仓和棚屋，也包括法老的坟墓。它们的

---

[1] 罗宾汉，英国民间传说中劫富济贫的侠盗，藏身于舍伍德森林。——编者注

孢子 ⚠

图坦卡蒙的黄金面具

孢子可以在干燥环境中存活极长时间，一旦吸入，会引起肺部问题，最终影响到身体的其他部位。

我们以"图坦卡蒙的诅咒"为例。据说这位法老去世之前，诅咒所有侵犯他长眠之地的人死亡。据说，至少有6名违反者死于这个诅咒，其中包括英国考古学家卡纳冯勋爵。然而，他们可能不是死于国王的诅咒，而是因为吸入了法老坟墓中的黄曲霉孢子。在这样一个极其封闭的地方有如此多的孢子，可能会在侵犯者身体中引起严重的过敏反应。也可能他们没有吸入真正的孢子，而是吸入了孢子造成的灰尘，即便是这些灰尘也有 3000 多年的历史。

很有可能，这种真菌生长在给法老陪葬的各种水果和蔬菜上，这些食物是给法老在死后享用的。

另见词条：耐旱菌（Xerotolerant Fungi）。

Know Your Mushrooms
《了解你的蘑菇》

《了解你的蘑菇》是由多伦多电影制作人罗恩·曼恩拍摄的流行纪录片。影片以乔治·梅里爱 1902 年的经典默片《月球之旅》的片段开场，展示了月球上居住着的巨大蘑菇，然后跳转到科罗拉多州的特柳赖德蘑菇节。影片的主角是真菌学家加里·林科夫和拉里·埃文斯，约翰·凯奇、安德鲁·韦伊和特伦斯·麦肯纳担任配角。这部电影囊括了自然科学、人文科学和似是而非的科学——对于一部以巨大蘑菇在月球上散出孢子作为切入点的电影来说，似是而非的科学并非完全不合适。

其他以蘑菇为重要角色的电影还包括法国导演萨卡·圭特瑞 1936 年的黑色喜剧《骗子的故事》（*Le roman d'un tricheur*）；1964 年的苏联童话《严寒之父》（*Father Frost*）；1995 年的澳大利亚喜剧《蘑菇》（*Mushrooms*）；2007 年的爱尔兰恐怖片《死神蘑菇》（*Shrooms*）；2012 年爱沙尼亚的政治讽刺喜剧《采蘑菇的夫妻》（*Mushrooming*）；2016 年巧妙的英国恐怖片《天赐之女》（*The Girl with All the Gifts*）；以及美国电影人泰勒·洛克伍德的公路纪录片《寻找多孔面纱》（*In Search of the Holey Veil*）和《好的、坏的、致命的》（*The Good, the Bad, and the Deadly*）。

KOH

氢氧化钾

KOH 是氢氧化钾的化学式。3% ~ 5% 的 KOH 溶液能在某些真菌中产生特定的染色反应，这有助于识别这些真菌。例如，如果你把一滴 KOH 溶液滴在一种名叫彩孔菌（*Hapalopilus nidulans*）的多孔菌上，被滴的地方会很快变成亮紫色。许多多孔菌都会产生明显的颜色反应。某些红菇属和乳菇属真菌遇到 KOH 溶液后会呈现出强烈的橄榄色反应。我们通常还可以通过菌盖对一滴 KOH 溶液是否有反应来识别鹅膏菌属真菌。据称，威猛先生的德拉诺疏通剂可以替代 KOH 用于鉴别蘑菇，就像它疏通水槽时一样管用。

KOH 溶液还能够用来区分白色念珠菌（*Candida albicans*）感染与其他皮肤感染。但不要自己随意涂抹，可能会导致水疱和皮肤灼伤。

Kombucha
红茶菌

红茶菌有时被称为茶蘑菇，尽管它根本不是蘑菇。它是一种发酵的细菌 - 真菌联合体，由至少两种酵母菌株组成，其中一种通常是拜耳接合酵母（*Zygosaccharomyces bailii*），其他则是联合体培养中碰巧出现的任何一种细菌。通常情况下，另一种细菌是旧金山乳酸杆菌（*Lactobacillus sanfranciscensis*），它是酸面包面团中常见的细菌。红茶菌的发酵程度并不总是被精细监测，因此其培养物往往彼此差异巨大。

据称，红茶菌制成的饮品康普茶能治疗或至少可以延缓艾滋病、癌症、疱疹、白内障、痛风、失眠、腹泻、2型糖尿病、酵母感染和脱发。据说它还能去除因衰老而产生的皱纹。尽管全世界每年的康普茶销售额超过4亿美元，但还没有实际证据表明红茶菌对健康有好处。唯一能确定的是，它已成功地被用于纺织品的染色。

Latex

胶 乳

　　胶乳是指来自某些开花植物的黏性乳液，也是真菌学中的一个术语，指从乳菇属（*Lactarius* sp.）的蘑菇中渗出的块状物、汁液或液滴。虽然乳菇不是雌性哺乳动物，但这种现象有时被称为"泌乳"。某些聪明人建议，Lactarius 一词应该改为阴性语法词，即 Lactaria，因为它生产乳汁。

latex globules →

胶乳液滴

胶乳储存在被称为产乳菌丝（lactifer）的大菌丝中，当蘑菇被挫伤或破损时，胶乳就会冒出来。这大致上相当于真菌的出血。有时候，仅仅触摸一颗乳菇就会导致它泌乳。

通常可以通过胶乳的含量来识别乳菇。例如，多汁乳菇（*Lactarius volemus*）的胶乳很丰富，而毛头乳菇（*L. torminosus*）的胶乳就很少。还可以通过胶乳暴露在空气中时是否有颜色变化来识别。例如，粗质乳菇（*L. deterrimus*）的乳胶会从黄橙色变成绿色。干乳菇则不会泌乳。

虽然有少数人对植物中的胶乳过敏，但从来没有人因为接触乳菇中的胶乳而出现问题。但某些黏盖牛肝菌属（*Suillus*）的真菌，有些人会因触摸它而引发相对轻微的接触性皮炎。

Lawnmower's Mushroom（*Panaeolus foenisecii*）
割草机蘑菇（黄褐斑褶菇）

一种褐色的小蘑菇，有一个圆锥形或钟形的菌盖，成熟时菌褶呈巧克力色或偶尔呈紫色。与斑褶菇属的大多数成员不同，它不是嗜粪菌。它主要生长在草坪、城市草场和墓地中。由于其短生性，它可能前一天还很新鲜，第二天就干枯了。甚至早上还很新鲜，下午就干枯了。

割草机蘑菇可能是狗和刚学会走路的孩子在户外最易捡食的蘑菇，因为它通常是离家最近的蘑菇。另外，它还含有色胺衍生物以及微量的裸盖菇素（以前被归于裸盖伞属中，能轻微致幻），这种成分可能对犬类或年轻的食客有一定的吸引力。

这种蘑菇可能会喜欢它的俗名，因为据说修剪草坪会刺激它散出孢子。

另见词条：迷幻蘑菇（Magic Mushrooms）；裸盖菇素（Psilocybin）。

LBM（Little Brown Mushroom）

小棕菇

LBM 不是一个科学术语，可能是从观鸟者的行话中借鉴来的一个缩略词——他们把难以识别的鸟类，如某些莺鸟和麻雀称为 LBJ（Little Brown Job）。小棕菇通常是直径小于 5 厘米的带菌褶蘑菇。它们不仅有棕色的，也有白色、灰色、奶油色、米色或棕褐色的。属种包括锥盖伞属（*Conocybe*）、盔孢伞属、金钱菌属（*Collybia*）、裸柄伞属（*Gymnopus*）和小菇属。小棕菇中有一种纹缘盔孢伞（*Galerina marginata*），其英文俗名叫作"丧钟"，毒性如其名。

大多数小棕菇不被人所重视，不仅是因为它们缺乏魅力，也可能是因为很难被识别。为了表明自己在面对一场可能的分类学斗争时十分勇敢，某些真菌学家专门研究小棕菇，尽管如今的 DNA 测序技术发展让这一切变得顺利许多了。

人们对小棕菇的感受可谓是见仁见智。在《蘑菇解

很难被识别的小棕菇

密》(*Mushrooms Demystified*) 一书中，大卫·阿罗拉称丝盖伞属 (*Inocybe*) 是"一种巨大的、无精打采的、无生气的恶臭棕色蘑菇"。这似乎是一个主观的说法，因为有些丝盖伞属蘑菇闻起来像甜玉米（似乎并不恶臭），还有一些不是棕色，而是丁香色。对大多数人来说，丁香色可不是一种无生气的颜色吧。

Lichenicolous Fungi
地衣生真菌

地衣生真菌是一种与特定地衣有共生、互生或寄生关系的真菌。有些真菌会形成由其菌丝体和宿主的组织组成的菌瘿，通常它们不会损害宿主。少数地衣生真菌，如 *Blarneya hibernica*，会杀死地衣原有的真菌部分，然后与幸存的藻类细胞一起创造新的地衣，让自己成为新的真菌伙伴。还有一种叫作 *Atelia arachnoidea* 的地衣生真菌会用蛛网状的菌丝体覆盖它的宿主，并最终杀死宿主。和大多数地衣真菌一样，它也还没有被赋予俗名。

我们对地衣生真菌的生物学特性几乎一无所知。比如，它们制造了什么化学物质，使其能够"无视"地衣为防御而产生的次级代谢产物呢？如果它们是寄生菌，破坏性有多大？地衣的哪一部分——共生藻还是真菌——扮演了宿主的角色？为什么地衣生真菌在北极地区很常见？关于最后一个问题，地衣本身在北极也很常见，所以也许气候变暖会干扰它们的防御机制。

几乎所有的地衣生真菌都很小，最大的直径也很少超过 1 毫米，所以如果你打算到野外寻找它们，一定要带一个好一点的放大镜！

Lincoff, Gary (1942—2018)
加里·林科夫

加里·林科夫是当代真菌学名人，他创作的《国家奥杜邦学会北美蘑菇田野指南》(*National Audubon Society Field Guide to North American Mushrooms*)，可能是最适合初学者的蘑菇野外指南。林科夫的其他书籍包括《觅食的乐趣》(*The Joy of Foraging*)、《蘑菇魔法》(*Mushroom Magick*)、《蘑菇：来自世界各地的 500 多种蘑菇的视觉指南》（*Mushrooms: The Visual Guide to More than 500 Species of Mushroom From Around the World*）和《蘑菇猎人完全法则》（*The Complete Mushroom Hunter*）等。

林科夫出生于匹兹堡，后来搬到纽约市，在纽约植物园教授了 40 年的真菌学课程。他的教学既有科学性又很幽默（他有时被称为"真菌学界的伍迪·艾伦"），他的戏剧天赋也为教学增色不少。[1]

林科夫不仅在除南极洲以外的各大洲领导了蘑菇探险活动，还在纽约的中央公园开展了类似活动，他在那里记录了 500 多种真菌。因此，他也许会提出这样的问题："既然可以去中央公园，为什么还要去荒野呢？"

和他的导师山姆·里斯蒂奇一样，林科夫对蘑菇有着无限的热情。当被问及哪一种蘑菇是他的最爱时，林科夫会回答说："现在而言，是在我面前的那一个。"

另见词条：山姆·里斯蒂奇 [Ristich, Sam (1915—2008)]

---

1 加里·林科夫参演的纪录片《了解你的蘑菇》于 2008 年上映。——审校者注

Lloyd, Curtis Gates (1859—1926)

柯蒂斯·盖茨·劳埃德

劳埃德是一位乖张不羁、自学成才的真菌学家，他经常在其《真菌学笔记》(Mycological Notes)中嘲笑其他真菌学家，被嘲笑的通常是职业真菌学家，他认为这些人华而不实或"玩命名把戏"[1]。他在1898年至1925年间自费出版了这部作品。在笔记中，他还记录了世界各地的人们寄给他的标本。他对马勃菌、鬼笔菌、多孔菌和具有不寻常形态的真菌特别感兴趣。

劳埃德的笔记中不乏嘲讽的片段，比如他将真菌学家沃辛顿·史密斯的《英国担子菌概要》(Synopsis of British Basidiomycetes)描述为"就像一个住在撒哈拉的人试图描绘雨林"。他或许是个异想天开的人。

对劳埃德来说，对真菌的准确描述比什么都重要。他讨厌分类学上的创新，所以如果他知道如今很多热衷DNA分析的真菌学家修改了大量学名，他可能会在坟墓

1　双关之语。劳埃德反对在为真菌命名时使用人名，抨击了同时代的许多学者，称之为"玩命名把戏的人"(name jugglers)，认为他们把自己的名字加在能找到的任何东西上。——审校者注

里打滚。说到坟墓，他的墓碑是自己制作的，放在他的家乡辛辛那提的一个公墓里。部分铭文是这样写的："为满足自己的虚荣心，他在生前为自己立碑。"

Lobster（ *Hypomyces lactifluorum* ）
龙虾蘑菇（泌乳菌寄生菌）

龙虾蘑菇是真菌相食的一个例子——一种真菌攻击并吃掉另一种真菌。在这个例子中，受害者是短柄红菇或乳菇属真菌，食菇者则是子囊菌的菌寄生菌属（ *Hypomyces* ）真菌。最终会产生一个橙红色的真菌实体，像是一只熟的龙虾（没有爪子），其形态有点扭曲。这两个物种本身都不是常见的可食用菌，但它们结合而成的"龙虾"被认为是一种美味食材。偶尔，龙虾蘑菇会与另一种美食——鸡油菌——相混淆，因为被攻击的真菌其菌褶看起来有点像菌脊，而鸡油菌有菌脊没有菌褶。

下面是其他一些同类相食的真菌：

斜盖粉褶菌（ *Entoloma abortivum* ），寄生在蜜环菌上。

立起小包脚菇（ *Volvariella surrecta* ），攻击杯伞属

（ *Clitocybe* ）。

星形菌属（ *Asterophora* ），以腐烂的红菇属为食，有时也"吃"乳菇属。

菌核金钱菌（ *Collybia tuberosa* ），也"吃"腐烂的红菇属和乳菇属。

小脆柄菇属中的 *Psathyrella epimyces*，喜欢"吃"鸡腿菇。

另见词条：寄生菌（ Parasites ）。

Magic Mushrooms

迷幻蘑菇

迷幻蘑菇是某些小型、褐色、具深色孢子、能让人产生迷幻感受的蘑菇的总称，它们在粪便以及木质碎屑和落叶中产生子实体。迷幻蘑菇主要是裸盖伞属的真菌，种类包括深蓝裸盖伞（*P. azurescens*）、古巴裸盖菇（*P. cubensis*）、半矛裸盖伞（*P. semilanceata*）和拉丁名为 *P. stuntzii* 的裸盖伞。

所谓的迷幻蘑菇曾被原始宗教用于仪式，但现在它们主要被用作吸食毒品的原材料或用于应对危及生命的情况，比如约翰·霍普金斯大学的研究人员给癌症患者服用含有裸盖菇素的胶囊。

食用后的幻觉体验各式各样，有些非常超现实。蒂莫西·利里[1] 在一次迷幻体验中回到了过去，他说他变成了"一个单细胞生物体"。笔者认识的一位女士则更离谱，在幻觉中回到了创世之初。当问及她是否遇到了宇宙大爆炸时，她回答说："我就是宇宙大爆炸。"

一个被忽视的问题是，为什么某些种类的蘑菇具有精

---

[1] Timothy Leary，美国著名心理学家，以对迷幻药的研究而闻名。——编者注

神活性。这可能是因为菌丝体在其子实体中藏有希望被转移的化学物质，并希望子实体将其处理掉，以免它们对自身健康产生负面影响。和许多真菌学问题一样，这需要更多的研究。

另见词条：裸盖菇素（Psilocybin）；神之肉（*Teonanacatl*）；高登·华森 [Wasson, Gordon（1898—1986)]。

Maitake（*Grifola frondosa*）
灰树花

灰树花是一种有点肉质的多孔菌，其翻转的灰色菌盖仿佛一群鸡挤在一起，这也解释了该物种的俗名——树林里的母鸡。它通常生长在橡树这种落叶树的基部，是一种温和的寄生菌，也可以是一种腐生菌。有的灰树花重量甚至能达到 22～27 千克。

有时人们会把灰树花与亚灰树花菌（*Meripilus sumstinei*）和猪苓（*Polyporus umbellatus*）混淆，亚灰树花菌和灰树花长得很像，但前者颜色较深。猪苓则拥有一个块茎状的地下结节，但这种错认不是什么大问题，因为这几种真菌都可以食用。

在北美，灰树花的俗名已经不怎么用"树林里的母鸡"，更经常使用的是其日语名称"Maitake"。这个词的意思是"跳舞的蘑菇"，因为那些发现灰树花的人往往会兴高采烈地跳舞。毕竟，他们不仅发现了一种极好的食用菌，而且这还是一种备受推崇的药用菌。由于该物种很容易栽培，因此，这种舞蹈可以在自家后院跳。

在药用方面，据说灰树花可以降低血糖水平，治疗糖尿病，它还能作为利尿剂，治疗痔疮，缓解关节炎疼痛，并能作为免疫系统的刺激剂。把它们炒熟后食用，还能刺激味蕾。

另见词条：多孔菌（Polypores）

Matsutake

松　茸

松茸源于日语的まつ（松树）和たけ（蘑菇）。它是

松茸

一种大型的白色蘑菇，菌盖上有红褐色的扁平鳞片，子实体幼小时有一层菌幕破裂，菌柄逐渐变细，菌幕破裂后靠近顶部有一个厚厚的菌环。

　　松茸与某些种类的松树有菌根关系，但当宿主开始死亡时，它们往往会把自己变成腐生菌。即使它们被针叶林半腐层覆盖，人们通常还是可以通过强烈的气味发现它们。真菌学家大卫·阿罗拉将这种气味描述为"肉桂糖混合着脏袜子的气味[1]"。在北美，有三个略有不同的松茸品种。美洲口蘑（*Tricholoma magnivelare*）、米氏口蘑（*T. murrillianum*）和中美洲口蘑（*T. mesoamericanum*）。

1　肉桂糖，原文为red hots，指一种红色糖果，多用肉桂成分调味，又甜又辣，常见于美国。——审校者注

松茸被日本人尊崇了至少有一千年之久。这种蘑菇曾经被认为是非常神圣的，以至于在京都的朝廷中，妇女被禁止公开说出"松茸"一词。最近，在日本市场上，品相良好的松茸售价高达 400 美元 / 支。如此高的价格表明松茸味道极佳，同时，它也象征着健康和幸福。

另见词条：商业性采收（Commercial Harvesting）

McIlvaine, Captain Charles (1840—1905)

查尔斯·麦基尔文上尉

查尔斯·麦基尔文是美国真菌学家，南北战争期间曾担任宾夕法尼亚州步兵队上尉，此后被称为"查尔斯·麦基尔文上尉"。北美真菌学协会（NAMA）的期刊《McIlvainea》就是以他的名字命名的。

麦基尔文的主要成就是他在 1896 年出版的题为《1000 种美国真菌》（*One Thousand American Fungi*）的巨著，其中记录了他对书中几乎每种蘑菇的食用经历。他说："我不相信任何人关于有毒真菌的说法。"他会去吃任何他遇到的"毒菌",包括以前从未食用过的物种,甚至是已知有毒的物种,如簇生垂幕菇(*Hypholoma fasciculare*)。如果在吃蘑菇后他没有经历他所谓的"剧烈的排泄",他就会宣称那种蘑菇是可以吃的。

麦基尔文的绰号叫作"钢铁脏腑",你应该不会感到惊讶。

Medicinal Mushrooms
药用蘑菇

目前,真菌入药是一种全球现象,很大一部分推崇之声可能源于人们对大型制药公司及其产品的日益不满。即便如此,有关药用真菌的说法有时也近乎荒谬。任何能同时治疗痛风、痔疮、哮喘和大小便失禁的东西,可信度似乎都比不上拉伯雷小说《巨人传》中的圣药——庞大固埃草。在书中,这种药草能让普通的教堂钟铃鸣叫,能驱使巨型帆船从锚地起航,还能使格陵兰人看到幼发拉底河。真菌多糖能刺激免疫系统,但到底有多大效果呢?这需要严谨的科学审查,并将人类而非小鼠作为实验对象。

世界各地的人们长期以来一直将某些真菌用作药物。但在某一传统文化中见效的东西，在现代社会可能是类似"万灵油"的存在。因为在传统文化中，治疗通常或曾经与宗教不可分割，以文化或宗教的观念看待药物，会大大加持其治愈能力。几千年的使用或许曾赋予某种真菌治疗能力，但如今一个人从了解某种真菌药物，到前往保健食品店购买，再到随后用药，中间只隔了很短的时间。

另见词条：白桦茸（Chaga）；灰树花（Maitake）；灵芝（Reishi）；香菇（Shiitake）；火鸡尾巴（Turkey Tail）

M

Melzer's Reagent

梅泽试剂

梅泽试剂是以捷克真菌学家瓦茨拉夫·梅泽（1878—1968）的名字命名的。

梅泽试剂是一种水合氯醛（有毒）、碘化钾和碘的水溶液，通过引起真菌孢子的染色反应来帮助鉴定物种。如果这些孢子被染成蓝色、蓝灰色、蓝紫色或紫黑色，则为淀粉样变；如果它们被染成褐色、紫褐色或暗红色，则为似糊精反应；如果它们被染成黄色或不变色，则为非淀粉样物质反应。

梅泽试剂最适合用于颜色相对较浅的孢子。对于观察红菇属的孢子，它特别有用。梅泽本人碰巧就是一位红菇属专家。

其他的化学溶液还有荧光桃红 B、KOH、刚果红和棉蓝溶液。由于真菌细胞主要由水组成，这些化学溶液会使这些细胞呈现出它们本来不具有的颜色，并借此来帮助鉴定物种。

另见词条：氢氧化钾（KOH）

Microfungi
微型真菌

微型真菌是一种主要基于尺寸的人为分类物种。微型真菌往往尺寸在 1 毫米以下，这意味着在野外，它们只能被那些视力很好或拿着手持放大镜的人识别出来。

Close up view of bread mold
(Rhizopus stolonifer)

匍枝根霉

　　大多数微型真菌通过释放或脱落孢子进行无性繁殖。有些为小昆虫提供极好的用餐机会；另一些则把人类的食物当作晚餐——一个例子是接合菌中的匍枝根霉（*Rhizopus stolonifer*），它以食用面包为食。一些微型真菌，如贵腐菌，具有经济价值。

　　微型真菌包括酵母菌、锈菌和霉菌。没有它们就没有酱油、豆豉和味噌，更不用说美酒了。当然，没有它们，山谷热病、稻瘟病、足癣和念珠菌病也不会存在。

另见词条：贵腐（Noble Rot）；青霉菌属（*Penicillium*）；锈菌（Rust）；山谷热（Valley Fever）；酵母菌（Yeasts）；子囊菌（Zygomycetes）。

Mildews
白霉菌

维管植物发霉时上面会长一层白色菌丝。引起发霉的霉菌主要有两种且都是子囊菌。

霜霉（属霜霉科，Peronosporaceae）会影响某些植物的叶片组织，但不损害茎或叶柄。它们似乎特别喜欢葡萄科的植物，宿主有一定概率会死亡。霜霉病在干燥的夏天特别常见，相比潮湿的时节，此时植物更难抵御它们。

比霜霉危害更大的是白粉霉（属白粉菌目，Erysiphales），它能将宿主的营养和水转移到其菌丝体上，从而使宿主瘫痪并死亡。白粉菌会猛烈攻击农作物、家养栽培植物和观赏植物。其中一个例子是毡毛单囊壳霉

（*Sphaerotheca pannosa*），它特别喜欢攻击温室里的玫瑰。

为什么驯化的植物这么容易受到攻击？因为它们通常没有野生植物那样抵御真菌攻击的能力。毕竟它们通常是杂交育种所得的后代，品种单一，缺乏遗传多样性，这就为真菌病原体提供了机会和便利。病原体认为这些植物似乎生着病，或者至少是虚弱的，因此容易"得手"。

Mold

霉　菌

霉菌是某些子囊菌的无性阶段的总称，它们通常因被分生孢子（无性孢子）覆盖而呈现出模糊的颜色。理论上，霉菌被称为丝孢菌（hyphomycetes）。

一些霉菌（葡萄孢霉属和青霉菌属，*Botrytis* sp.，*Penicillium* sp.）会损害经济作物；曲霉菌和枝孢菌会引起严重的过敏和肺部问题；黑葡萄穗霉菌（*Stachybotrys chartarum*）在卡特里娜飓风之后出现在新奥尔良，引起许多健康问题，甚至造成了一些人死亡。另一方面，从黑曲霉（*Asperillus niger*）中提取的 α - 半乳糖苷酶是

Beano[1] 中最重要的成分，所以你可以说霉菌（或至少有一种霉菌）有助于防止胀气。

有些霉菌（特别是核瑚菌属，*Typhula sp.*）是寄生菌，它们会寄生在被雪掩盖的草皮等植物上，因此被称为雪霉菌。它们在草坪上形成的环有时会被误认为是不明飞行物的着陆点。

由于长枝木霉（*Trichoderma longibrachiatum*）对抗菌剂有很强的抵抗力，苏联的科学家曾经开玩笑说，如果他们国家的核武器用完了，他们会往美国投一颗长枝木霉"炸弹"。

Morels（*Morchella sp.*）
羊肚菌（羊肚菌属）

羊肚菌是一种标志性的可食用子囊菌。具体来说，羊肚菌是一种盘菌，你可以把一颗羊肚菌想象成一堆杯子竖直挂在一根柄上，像蜂巢一样。

尽管北美有几个品种的羊肚菌被认为是美食，但美国

1　Beano 是一种天然酵素咀嚼片，一般用于防止胃胀气。

Morchella esculenta
yellow Morel

美味羊肚菌

探险家梅里韦瑟·刘易斯在前往西海岸的途中品尝了之后，宣称它们是"无味且无趣的食物"。某些原住民也拒绝食用羊肚菌。

如果一个地方发生了森林火灾，之后一年左右的时间里羊肚菌会在焚烧地产生大量子实体，其原因尚不太明确。还有一些羊肚菌不需要焚烧地环境，它们与各种树木有菌根关系，而且与松茸类似，当该树木开始死亡时，它们可以转化为腐生菌。美味羊肚菌（*Morchella esculenta*）通常与白蜡树有菌根关系，在美国中西部地区，由于白蜡窄吉丁的存在，白蜡树的数量正在减少，因此也导致羊肚菌的数量减少。

许多羊肚菌含有肼类毒素，如果生吃会引起胃肠道不适。烹饪通常会破坏这种毒素的毒性，但也并非总能奏效。

另见词条：贵腐（Noble Rot）；青霉菌属（*Penicillium*）

Mushroom Websites

蘑菇网站

也许最受欢迎的蘑菇网站是 Mushroom Observer (mushroomobserver.com)，由真菌学家和技术奇才内森·威尔逊于 2006 年创建。它有上万的用户，收录了上百万张照片，在我写完这句话的时候，肯定会有更多照片被传上去。许多照片附有不常见物种的拉丁名和描述，还有很多照片会请求网友帮忙识别物种。

其他免费的在线网站还有：

Index Fungorum（www.indexfungorum.org）

提供最新真菌学名，很不错；

Mycology Collections Data Portal（www.mycoportal.org）

一个用户友好型网站，专注于北美的真菌多样性；

Mushroom Expert（www.mushroomexpert.com）

一个致力于识别真菌的优秀网站；

Cornell Mushroom Blog（blog.mycology.cornell.edu）

最好的蘑菇博客之一；

Omphalina（www.nlmushrooms.ca/omphalina.html）

涉及纽芬兰与拉布拉多省的蘑菇信息，内容丰富，有时还非常诙谐；

Cybertruffle（www.cybertruffle.org.uk）

众多其他真菌网页的主站点。

另见词条：盘菌（Discomycetes）；松茸（Matsutake）。

Music

音　乐

蘑菇启发了各种音乐的创作，以及乐队的命名。以下是一些例子：

Infected Mushroom，一个以色列的迷幻风格乐队，表演他们所谓的"迷幻音乐"。他们有一张专辑名为《古典蘑菇》(*Classical Mushroom*)；

英属维尔京群岛有一种名为"Fungi"的音乐，之所以这样命名是因为它是不同类型音乐的混合体，而当地有一道菜也叫"Fungi"，是不同食物的混合，包括蘑菇；

爱沙尼亚作曲家莱波·苏梅拉的《蘑菇大合唱》

（*Mushroom Cantata*），在这部作品中，合唱团不断吟唱着不同蘑菇的拉丁文名称；

《采蘑菇》（*Gathering Mushrooms*），19 世纪俄罗斯作曲家穆捷斯特·穆索尔斯基创作的一首歌曲；

《蘑菇如何参战》（*How the Mushrooms Went to War*），伊戈尔·斯特拉文斯基创作的一首歌曲；

Mushroomhead，来自克利夫兰的另类金属乐队；

捷克作曲家瓦茨拉夫·哈莱克的许多作品；

真菌学家拉里·埃文斯的专辑《Fungal Boogie》，其中有一些蓝调歌曲，比如"我只是太喜欢羊肚菌"和"鬼笔内幕"；

作曲家弗朗茨·舒伯特的绰号是受蘑菇的启发。因为他只有 1.5 米高，他被称为 Schwammerl（小蘑菇）。

另见词条：约翰·凯奇 [Cage, John (1912—1992)]；瓦茨拉夫·哈莱克 [Hálek, Václav (1937—2014)]。

Mycelium

菌丝体

　　菌丝体指的是不断分支的菌丝集合，可被称为真菌的主力。所有大型真菌和几乎所有微型真菌都有这一部分。

　　埋在基质中的菌丝体利用各种不同的酶来支持它的消化需要，当时机合适时，它会产生一个或多个子实体。它会将相当大一部分的生物量投入这些子实体中，因此乱采蘑菇的人要是认为他或她没有损害这些蘑菇的菌丝体，那就想错了。

菌丝体

被真菌学家保罗·史塔曼兹称为"大自然的互联网"的菌丝体可以延伸出很远的距离，它通过响应环境信号来前进和后退。一把健康的土壤可能含有几百千米长的菌丝。由于菌丝体只有一个细胞那么宽，肉眼是看不见的，除非它决定把自己捆绑成菌索，否则我们永远无法看见它们。

　　和任何一种动物或植物一样，菌丝体的细胞核内有一组基因，在线粒体内有另一组基因。对碰巧在同一基质中的另一个菌丝体，这些基因可能具有很强的竞争性，它们释放出的化学物质实际上在说："滚开，你这个混蛋！"通常情况下，另一个"混蛋"会离开。

M

另见词条：菌丝（Hyphae）

Mycologist

真菌学家

　　真菌学家指对真菌科学感兴趣的专业人士或业余爱好者。这个词最早由英国牧师迈尔斯·伯克利于1837年创造。在那之前，研究真菌的人被笼统地称为植物学家，通常被其他植物学家看不起，因为真菌被视为低等植物。事实上，真菌直到 1969 年才成为独立的界，不再被归为植物。虽然真菌既不是植物更不是草药，但大多数系统整理的真菌标本仍然保存在植物标本室。

对植物病害（尤其是真菌病害）有科学层面的兴趣的人则是植物病理学家（phytopathologist）。许多植物病理学家称自己为真菌学家，反之亦然。

以下真菌学家在本书中有条目：玛丽·班宁，迈尔斯·伯克利，约翰·凯奇，乔治·华盛顿·卡弗，卡罗卢斯·克卢修斯，莫迪凯·库比特·库克，伊利阿斯·马格努斯·弗里斯，加里·林科夫，柯蒂斯·盖茨·劳埃德，查尔斯·麦基尔文上尉，查尔斯·霍顿·佩克，碧翠丝·波特，山姆·里斯蒂奇，沃尔特·斯奈尔，保罗·史塔曼兹，罗兰·萨克斯特和高登·华生。

Mycophage

噬真菌者

噬真菌者指任何吃真菌的生物。有些噬真菌者是专性食客，这意味着它们必须吃真菌才能生存，而另一些则是机会性食客。

专性食客有：某些果蝇（黑腹果蝇属，*Drosophila sp.*），它们的食物主要由酵母组成；加利福尼亚红背田鼠（*Myodes californicus*），主要吃松露和某些地衣；食菌小蠹（ambrosia beetle），它们的食物是真菌菌丝和孢子；以及各种蚂蚁和白蚁，它们致力于培养菌丝以满足饮食目的。

机会性食客有：山地大猩猩，根据戴安·弗西的说法，它们以大型、强壮的多孔菌为主要食物；澳大利亚有袋动物毛尾袋鼠，它们每天都会进行大量挖掘，寻找地下真菌；松鼠，它们为越冬储藏真菌，特别是红菇属真菌；北美洲的北方鼯鼠，它们通常吃腹菌和红菇；蛞蝓，不同种类的蛞蝓喜欢不同的蘑菇；弹尾目（Collembola）的昆虫，这种昆虫似乎愿意吃遇到的一切蘑菇；以及智人，在识别看似可食用的物种方面，是比其他生物更有可能犯错的一种生物。

蘑菇上的蛞蝓

事实上，许多真菌因被吃掉而受益，因为它们可以通过食菌者的某些身体部位或粪便传播孢子。

另见词条：蛀道真菌（Ambrosia）；植菌昆虫（Insect Mushroom Farmers）；中毒（Poisonings）

Mycophobia
真菌恐惧症

这个词是由英国真菌学家威廉·德莱尔·海（William Delisle Hay）于1887年创造的，指的是对真菌的恐惧、厌恶或彻底的敌意。最近一个关于真菌恐惧症的例子是"我们中间有真菌"这句话，小孩们用它来形容坏同学。

真菌恐惧症并不是什么新现象。古希腊医生尼坎德（活动于公元前2世纪前后）称真菌为"大地上的邪恶发酵物"；德国修士艾尔伯图斯·麦格努斯（约1200—1280年）认为吃蘑菇会导致"瞬间精神错乱"；伟大的瑞典分类学家卡尔·冯·林奈将真菌描述为"乞丐"；古印度人认为吃蘑菇的人是最可恶的罪人。福尔摩斯的创造者阿瑟·柯南·道尔在他的小说《奈杰尔爵士》中这样描述一片鲜红色的蘑菇："就像生病的大地突然冒出了肮脏的脓疱。"最后一个描述可能是真菌恐惧症最极端的表现。

这种生物种族主义缘何而来呢？或许是不想让自己的同胞因为吃下有毒物种而"翘辫子"，就把所有的蘑菇都说成是可鄙的？此外，通常真菌喜欢的基质——比如粪便、尸体——也很难让我们喜欢上它们。还有最后一种可能性：真菌腐烂时散发出的气味可能会让我们想到自己的死期。

Mycoremediation

真菌修复

这个词是由真菌学家保罗·史塔曼兹创造的，指的是利用木腐菌清除不健康栖息地内的有毒物质，从而使栖息地恢复健康。木腐菌能分泌多种酶，分解有害物质，从而完成修复。以这种方式生存的真菌大多数都是白腐担子菌。

以下是几个修复案例：平菇能降解原油中的毒素，清理被燃油污染的土壤；革菌中的黄孢原毛平革菌（*Phanerochaete chrysosporium*）能成功地分解滴滴涕农药残留；塔宾曲霉菌（*Aspergillus tubingensis*）能将聚酯塑料分解成非常小的碎片。真菌纠正人类犯下的错误的其他例子还有不少，但它们是否能在全球范围内，而非少数或在局部范围内提供服务，还有待观察。

还有一个通常不被视为生态修复的例子，即美国东北部引进的杀虫真菌舞毒蛾噬虫霉（*Entomophaga maimaiga*），其在防止北美舞毒蛾毁坏更多的树木方面，取得了一定的成效。

另见词条：保罗·史塔曼兹 [Stamets, Paul (1955—)]；白腐（White Rot）

Noble Polypore (*Bridgeoporus nobilissimus*)

高贵多孔菌（高贵桥孔菌）

高贵多孔菌是一种在西北太平洋地区发现的巨型多孔菌，非常罕见。

据了解，高贵多孔菌重达 136 千克，直径达 1.5 米。真菌学家埃默里·西蒙斯曾把它误认为是一头熊，但这并不奇怪，因为该物种巨大的菌盖上有一个毛茸茸的菌丝垫。事实上，这种毛垫是植物的微型栖息地，生长着阿拉斯加越橘、延龄草和杜鹃科灌木，单细胞藻类和其他真菌物种就更不必说了。

它以真菌学家威廉·布里奇·库克的名字命名，因为库克的腰围也很丰满。高贵多孔菌曾被认为是世界上最大的真菌子实体。然而，2003 年，在英国皇家植物园里一棵因荷兰榆树病而被处理掉的榆树基部发现了一种更大的多孔菌——榆硬孔菌（ *Rigidoporus ulmarius* ）。2010 年，在中国的海南又发现了一种多孔菌，让之前的两种多孔菌成了小人国居民。信不信由你，该物种叫作椭圆木层孔菌（ *Phellinus ellipsoideus* ），子实体有 10 米尺长，重量超过

362 千克。

说回高贵多孔菌。这种多孔菌有记载的标本不到 100 个。可能是因为它选择基质的要求比较高——它只生长在老龄的壮丽冷杉（*Abies procera*）上，而且只在 600 米以上的海拔高度生长，这注定了它的稀有性，甚至随时有可能灭绝。

Noble Rot

贵 腐

由灰葡萄孢菌（*Botrytis cinerea*）引起，对草莓影响很恶劣，通常会使它们死亡，但对葡萄的影响却是"崇高的"——它能穿透宿主的表皮，让葡萄失去水分，从而增加含糖量。因此，用受感染的葡萄酿造的酒比普通酒要甜得多，这就是贵腐菌常被用于制作甜酒的原因。

但是，在极端潮湿的天气里，贵腐菌会对葡萄产生灾难性的影响，这时贵腐会发展成恶性状态，引发灰霉病，这往往会毁掉葡萄。

在许多果园里，葡萄会被囤起来，直到贵腐菌完成它的工作，这时这些葡萄就成了"贵腐葡萄"。

另见词条：霉菌（Mold）

N

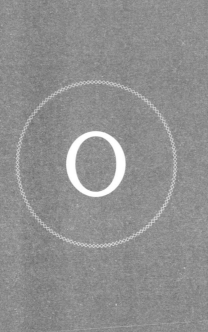

兰　花

　　兰花是菌根植物，有其特别之处。最初，兰花与真菌伙伴通过种子或幼苗建立联系，而不是通过它们的根，因为很多兰花早就不长根了。兰花从真菌伙伴那里获得很大比例的营养补充，大约占其所需碳源的三分之一，但真菌能得到什么回报尚无定论。很可能，兰花一直在"欺骗"真菌，承诺给它"财富"，但什么也没兑现。

　　碰巧的是，欺骗对兰花来说并不是什么新鲜的技能。一些兰花似乎假装为它们的昆虫授粉者提供食物奖励，但实际上却不曾提供任何回报。

　　兰花的真菌伴侣可以是子囊菌或担子菌。其中一些是无性繁殖的真菌，如 *Moniliopsis* 属的真菌，有些是小垫革菌属，还有些是丝盖伞属和蜜环菌。如果兰花实际上是在欺骗蜜环菌提供营养，但却不提供任何回报，它们的关系可能会被形容为"寄生植物寄生在寄生菌身上"。

Ötzi

奥兹冰人

奥兹是1991年从蒂罗尔州的冰层中挖出的冰人，属于新石器时代。奥兹干瘪的身上有两种多孔菌，其中，固定在装饰皮革细带上的是桦剥管孔菌。很有可能奥兹原本打算用这种多孔菌煎药，以去除自己的肠道蠕虫。他的皮革袋子里有一些块状的木蹄层孔菌，可能是用来生火的，因为菌丝上有黄铁矿的痕迹。也许奥兹还用它来烧灼肩上的箭伤，为之消毒，最终导致他死亡的可能就是这处伤。

加拿大的东克里人也曾将这两种多孔菌用于类似目的，且一直沿用至近期，这印证了大西洋两岸的平行进化。

另见词条：阿马杜（Amadou）；民族真菌学（Ethnomycology）；多孔菌（Polypores）。

Oyster Mushroom（*Pleurotus* sp.）

平菇（侧耳属）

一种肉质的木栖蘑菇，有白色的菌褶。它的英文俗名直译为牡蛎菇，源自其与牡蛎非常相似的外形。

平菇或许是一种受欢迎的食用菌，同时它们自己也有各种美味的食物。例如，它们喜欢吃一种叫作线虫的蛔虫。平菇的菌丝会分泌有毒的液滴，用来麻痹线虫的口蘑氨酸，然后菌丝会进入线虫的嘴里，从内部消化这种富含氮的零食。或者，菌丝还可以套住1毫米长的线虫。

细菌也在平菇的食物清单上。一旦发现这些如美味小点心一般的菌落，平菇的菌丝就会用专门的细胞穿透它，并将其运送到主菌丝，然后再把它吃掉。

平菇也能以人类犯下的错误为食。它们的菌丝体可以分解和消化多环芳烃，也就是石油中的核心分子，因此真菌学家保罗·史塔曼兹等人通过接种栽培平菇的菌丝体，清理被柴油污染的地方。

世道轮回是公平的。大蕈虫（*Triplax* sp.）等昆虫不仅选择平菇作为它们的居住地，还将其作为食物，这说明这种昆虫躺在家里就能吃得饱饱的。

另见词条： 栽培蘑菇（Cultivated Mushrooms）；真菌修复（Myco-remediation）；保罗·史塔曼兹 [Stamets, Paul (1955—)]。

寄生菌

　　指与一个看似健康的伙伴发生单方关系的真菌，在这个过程中，寄生菌有时会杀死伙伴。

　　除了蜜环菌和多孔菌外，锈菌、霉菌和酵母菌比大多数大型真菌更有可能成为寄生菌。植物，特别是驯化植物和农作物，很容易受到这些真菌的感染，因为它们的调节系统往往过于简单，无法对寄生菌进行强有力的防御。至于树木，它们可以通过生产被称为酚类的抗真菌（也抗昆虫）化学物质来抵御一些真菌的攻击。

　　实际上，许多有寄生属性的真菌并不真的是寄生菌，而是腐生菌，因为它们主要攻击业已衰弱的生物体。想想那些受强风、闪电、昆虫、有蹄类动物摩擦和衰老影响的树木，还有那些木质被固氮细菌软化的，或者有伤口或断裂的树木。在遇到这些树木时，无论是腐生菌还是寄生菌，都会忍不住上去大快朵颐。

　　许多真菌是专性寄生菌，比如只攻击轮虫、线虫，或者像银耳属的胶质真菌那样，只针对革菌的菌丝。只针对昆虫的专性寄生菌，如各种线虫草属的真菌，只攻击特定物种，它们是优秀的昆虫识别器。

另见词条：多孔菌（Polypores）；腐生菌（Saprophytes）。

Peck, Charles Horton（1833—1917）
查尔斯·霍顿·佩克

查尔斯·霍顿·佩克通常被称为"美国真菌学之父"，尽管他（和同时代大多数真菌学家一样）被视为植物学家。在担任纽约州植物学家的48年里，他描述了2500～3000种真菌。其中一些物种后来以他的名字命名，包括派克亚齿菌和彼氏黄肉牛肝菌（*Butyriboletus peckii*）。

佩克可能是第一个攀登阿迪朗达克山脉赖特峰的人，但与其他许多登山者不同的是，他攀登的目的并不是为了成为第一个登上顶峰的人，而是为了研究途中的真菌和植物。他也是当时唯一一个承认玛丽·班宁在真菌方面研究的真菌学家。相反，其他学者都瞧不起班宁，因为她是女人。

作为一名虔诚的长老会教徒，佩克从不喝酒、抽烟，也从不说脏话，即便发现自己无法识别一种真菌时，也没有说过脏话。

另见词条：玛丽·班宁 [Banning, Mary (1822—1903)]

Pegtymel

佩格特梅利河

　　西伯利亚佩格特梅利河口附近的岩石上刻着青铜时代的岩画，被当地的楚克奇驯鹿牧民称为蘑菇人。岩画上画的人似乎头顶着巨大蘑菇，确切地说是毒蝇伞。

　　2000 年，俄罗斯北极人类学家安德烈·戈洛夫涅夫被这些岩画所吸引，拍摄了一部 32 分钟的纪录片，名为《佩格特梅利河》(*Pegtymel*)。影片展示了当地楚克奇人打鼓、吟唱、给驯鹿挤奶、吃毒蝇伞的情景，以及岩画的镜头。影像来回穿梭，从这些传统人民的生活到岩画，为人们提供了一个抒情的窗口，旨在让人们了解一种几乎已经消失的历史悠久的生活方式。

　　其他关于岩画的例子还有西班牙的茜尔瓦帕斯卡拉

蘑菇人岩画

（Selva Pascuala）岩洞和阿尔及利亚阿杰尔高原的洞穴壁画，这些画上都有着头部异常大的人。这些大头是蘑菇还是仅仅象征萨满的知识（头越大，知识越丰富），还有待确定。

另见词条：毒蝇伞（Fly Agaric）

Penicillium
青霉菌属

青霉菌属有 300 多种真菌，其中相当一部分是土壤真菌，它们热衷于转换基质以满足自身营养需求。有的菌种会导致食物变质，有的爱好粪便，还有的会使布里奶酪、戈贡佐拉奶酪和罗克福奶酪成熟。说到奶酪，娄地青霉（*Penicillium roqueforti*）因其在罗克福奶酪中的存在而被列为芬兰的顶级食用真菌之一。

青霉菌一词无疑源自最著名的抗生素——青霉素（penicillin）。1928 年，苏格兰细菌学家、药理学家亚历山大·弗莱明爵士在一个充满葡萄球细菌的培养皿中发现并培养了一株正在结实的产黄青霉菌（*P. chrysogenum*），获得了这种能够削弱细菌细胞壁的神奇抗生素。然而，早在弗莱明之前，古埃及人就曾将发霉的面包抹在他们的病灶上，这可能会得到与使用青霉素相同的效果。

北极和南极的几种青霉菌都使用冰川作为它们的基质，但由于气候变化，它们可能不会在这个世界上待太久了。

Phallus impudicus

白鬼笔

一种直立的鬼笔，在其绿色的产孢组织（菌盖上黏液般的涂层）顶部有一个小孔。英国植物学家约翰·杰拉德（约 1545—1612 年）在其 1597 年出版的《本草》（*The*

Herball）中称其为"锥菇"。梭罗看到白鬼笔后在他的日记中写道："大自然创造这个东西的时候是怎么想的？简直是把自己等同那些在厕所里作画的人。"[1]白鬼笔虽然令人类反感，却让各种飞虫无法抗拒。昆虫会被它类似腐肉的气味所吸引，落在产孢组织上并带走它的孢子，将其带到新的地方。

另见词条：民族真菌学（Ethnomycology）；鬼笔（Stinkhorns）。

Phoenicoid Fungi
凤凰真菌

与古代的腓尼基（Phoenicia）或现代的凤凰城（Phoenix）无关，而是与火灾发生地或森林燃烧有关的真菌。这个名字的意思是"从灰烬中复生"，最早用来指代1980 年华盛顿州圣海伦斯火山爆发后出现的真菌[2]。

---

[1] 梭罗认为白鬼笔"下流"的外观类似隐蔽场所里粗俗的涂鸦。——审校者注

[2] 根据文中"从灰烬中复生"的描述，Phoenicoid fungi 是取西方神话生物 phoenix（中译不死鸟或借用凤凰一词）之意，这里译为凤凰真菌。——审校者注

火灾引起的土壤化学成分改变、温度变化、养分变化，以及竞争真菌的死亡，都会促进凤凰真菌的生长。火灾结束后，打头阵的真菌物种往往是盘菌，如紫盘菌和地杯菌（*Geopyxis carbonaria*），以及其他一些以 *carbonaria*（意为形成于过火后碳化表面）为种名的物种。一些羊肚菌（毕竟也是盘菌）在森林大火后也会如雨后春笋般冒出来，吸引数量众多的人前去采集。

一些担子菌，如灰顶伞属（*Tephrocybe*）和小脆柄菇属的真菌也会将火灾发生地作为它们的基质。

另见词条：盘菌（Discomycetes）；羊肚菌（Morels）

Poisonings

中　毒

尽管大多数有毒蘑菇只会导致胃肠问题，但要注意几个特殊情况。例如，鹅膏菌属中的毒鹅膏和双孢鹅膏菌，可以使用餐者与尼尼微和特洛伊一样成为历史。还有人因食用卷边网褶菌（*Paxillus involutus*）而死亡，这种蘑菇所含的毒素会破坏红细胞，并可能导致肾衰竭。事实上，唯一记录在案的真菌学家死于蘑菇中毒的案例，是德国真菌学家朱利叶斯·舍费尔，他在 1944 年吃了卷边网褶菌。

大多数严重的中毒事件源于舍费尔这样的鉴别失误。近年来很受媒体重视的一个例子发生在 2008 年，《马语者》的作者尼古拉斯·埃文斯将一批微红丝膜菌（*Cortinarius rubellus*）误认为是鸡油菌，最后通过肾脏移植才得以幸存。这两种真菌都是橙色的，这似乎是埃文斯将微红丝膜菌误认为是鸡油菌的原因。他没有意识到，不能仅仅通过颜色来识别一种蘑菇。

风笛也是真菌致死的一种途径：由于镰刀菌属（*Fusarium*）的孢子对它情有独钟，已经有几例风笛手大量吸入这些孢子的例子（疾病名称：风笛肺），至少造成了一例死亡。

另见词条：毒伞肽（Amatoxins）；毒鹅膏（Death Cap）。

Polypores

多孔菌

多孔菌是一个非常多样化的担子菌群体，其名称来自其子实层面上的无数孔隙。多孔菌有檐状的，有柄；或是肾形的，平伏居多。大多数的多孔菌都长在木材上，这其中的例外包括地花菌属（*Albatrellus*）、集毛菌属（*Coltricia*）和拟牛肝菌属（*Boletopsis*）的真菌，它们有的被认为是菌根真菌。

大多数多孔菌会重新利用死去的树枝，但有些多孔菌也会消化健康树木中称为心材的死亡成分。这些所谓的心腐菌会对树木的结构完整性产生负面影响，所以它们可以被称为弱寄生菌。通常情况下，心腐菌会转移到树木的边材处去，在那里它们会成为更强的寄生菌。

最狠的寄生真菌要数多年异担子菌（*Heterobasidion annosum*）和毛翁孔菌（*Onnia tomentosa*）。它们通过根系进入树木，导致树木基部腐烂并向上蔓延。这种现象有个不太好听的名字叫"烂屁股"。

大多数多孔菌是一年生真菌，尽管随着气候变化，许多一年生真菌正在变成多年生真菌。多年生真菌包括层孔菌属（*Fomes*）、拟层孔菌属（*Laricifomes*）和几种灵芝属（*Ganoderma*）真菌。树舌灵芝的年龄可以达到70岁，这使得它们成为真菌界的长老。

另见词条：苦白蹄（Agarikon）；阿马杜（Amadou）；老牛肝（Artist's Conk）；寄生菌（Parasites）；平伏（Resupinate）。

Potter, Beatrix（1866—1943）

碧翠丝·波特

碧翠丝·波特是一个英国女人，不仅对真菌学有兴趣，而且对地质学、昆虫学和考古学也有兴趣。她可能是第一个提出"地衣是一种藻类与至少一种真菌结合的产物"的人。她还绘制了精美的蘑菇插图和非常精确的蘑菇孢子图，尽管她承认自己"找不到勇气"去画鬼笔。

1897年，波特女士未能在伦敦的林奈学会发表一篇题为《关于蘑菇科孢子萌发》（*On the Germination of the Spores of Agaricinaceae*）的科学论文，因为作为一名女性，她不能参加会议。由于同样的原因，她也不被允许从事严肃的真菌学工作，于是她开始写作，同时还为儿童读物画插图，画的主题是兔子、獾和穿马裤的可爱青蛙。这些书中最著名的当然是 1901 年出版的《彼得兔的故事》。

另见词条：玛丽·班宁 [Banning, Mary (1822—1903)]。

after Beatrix Potter

彼得兔，碧翠丝·波特绘

Prototaxites

原杉藻

　　原杉藻可能是一种真菌，高达 8 米，宽达 90 厘米，在 4.3 亿至 3.6 亿年前茁壮繁衍。其化石标本看起来与原木无异。到目前为止，已经发现了 13 个原杉藻化石。

　　原杉藻最初被 19 世纪的加拿大科学家约翰·道森描述为一种巨大的针叶树，现在被归入（至少是暂时归入）外囊菌亚门（Taphrinomycotina），这使它成为一种子囊菌，算是桤木舌瘿的远亲。反对者认为，它实际上是苔类、地衣、巨大藻类，或不同寻常的大型维管植物。不管它是什么，这个物种似乎一直是一种受欢迎的食物，而且可能确实是因为各种喜欢吃它的生物而灭绝的——许多化石上都能看到它们被啃食的痕迹。

如果原杉藻确实是一种真菌，那么它并不是最早的真菌化石，这一荣誉可能属于一种叫作 *Tortubus* 的物种，它在 4.4 亿年前繁衍生息，可能是最早的陆生生物。

另见词条：桤木舌瘿（Alder Tongue）。

Psilocybin
裸盖菇素

一种生物碱，是真菌中最强效的精神活性化合物，不仅存在于裸盖伞属真菌中，也存在于某些斑褶菇属、球盖菇属（*Stropharia*）和裸伞属（*Gymnopilus*）的真菌中。当它被摄入时，很快就会转化为脱磷酸裸盖菇素，这种生物碱会扰乱大脑的 5- 羟色胺受体，造成通常所说的迷幻体验。应该指出的是，生物碱经常作为兴奋剂使用。其他的例子还有咖啡因、尼古丁和可卡因。

2006 年，约翰·霍普金斯大学的精神药理学家罗兰·格里菲斯发表了一篇文章，描述了裸盖菇素在服用者的大脑中打开神秘大门的过程。这篇文章激发了约翰·霍普金斯大学对裸盖菇素的兴趣，该大学的研究人员目前正在使用裸盖菇素胶囊来减轻临终病人的抑郁状态。其中有 70% 的患者将裸盖菇素的效果评为他们生命中的五大精神体验之一。事实上，许多服用了该胶囊的人声称自己看到了"上帝"。关于约翰·霍普金斯大学正在进行的裸盖菇素研究的论述，可以在迈克尔·波伦 2018 年的《如何改变你的思想》(*How to Change Your Mind*) 一书中找到。

无论裸盖菇素在治疗中多么有用，迷幻蘑菇在美国仍然是一级警戒物。它与 LSD 和海洛因这样的危险毒品并列，是非法的。在这本真菌百科的出版过程中，科罗拉多州的丹佛市已将持有迷幻蘑菇定为刑事犯罪。

另见词条：迷幻蘑菇（Magic Mushrooms）。

Psychrophiles

嗜冷菌

嗜冷菌指的是适应寒冷环境的真菌，不仅能活下去，甚至能蓬勃繁衍，比如在北极、南极洲的干燥山谷和高海拔山区。嗜冷菌专家罗伯特·布兰切特在北极漂流木材和南极探险家小屋使用的木材中发现了大量真菌。作为一种常见的寒冷环境，冰箱也为毛霉属（*Mucor*）和曲霉属真菌提供了适宜的生存环境。

虽然许多嗜冷菌实际上是居住在土壤而不是冰箱里的霉菌，但也有许多是蘑菇。有时这些蘑菇很小，但通常更大，甚至比在气候更温和的地区的同类大得多。例如，北极的疣柄牛肝菌属的蘑菇可以达到温带地区同一物种的两倍大。这种蘑菇通常有不育的菌褶或菌孔，这相当于为它们提供了一件外套，帮助抵御寒冷天气和强风。

绒柄金钱菇是温带地区冬季的常见物种，它能制造海藻糖，这是担子菌储存的一种主要的碳水化合物，它能防止自身的细胞膜被冻伤。其他适应寒冷的真菌可能拥有高水平的脂肪酸和抗冻蛋白。

由于气候变化，许多嗜冷菌可能面临着暗淡的未来。

Puck

帕 克

不是厨师沃尔夫冈·帕克——他创造了许多蘑菇菜肴，比如广受好评的野生菌法式烩饭。这里要说的帕克是英国民间传说中调皮的仙子或精灵，以及莎士比亚戏剧

after Richard Dadd

帕克，理查德·达德绘

《仲夏夜之梦》中的一个重要人物。

在一些绘画和插图中，特别是维多利亚时期的作品中，帕克经常被描绘成坐在一颗蘑菇上的形象，这似乎表明英国人曾经把蘑菇与恶作剧以及超自然现象联系在一起。在维多利亚时代的《仲夏夜之梦》中，他站在一朵蘑菇上登上了舞台；在艺术家理查德·达德（1817—1886）的一幅引人注目的画作中，脸上带着顽皮笑容的帕克盘坐在一朵蘑菇上，仿佛他是坐在宝座上的神灵。

在过去，英国人常常把帕克的起源归于爱尔兰。毕竟，爱尔兰人的恶作剧能力远远超过了他们……至少他们自己是这么认为的。

另见词条：民族真菌学（Ethnomycology）；仙女环（Fairy Rings）

Puffballs

马勃菌

马勃菌的正式名称是腹菌（gasteromycetes），因为它们不像其他担子菌那样在体外制造孢子，而是在内部制造孢子，也就是在它们的肚子里。大多数马勃菌都是菌根真菌。

马勃菌的外皮被称为包被（peridium）。雨滴打破包被时云状孢子就会释放出来。这样的云状孢子让早期的分类学家想到了肠胃胀气，因此，马勃属的拉丁名 *Lycoperdon* 的意思是"狼屁"；灰球菌属的拉丁名 *Bovista* 意思是"牛屁"。也有不"胀气"的马勃菌，比如红皮丽口菌（*Calostoma cinnabarinum*）、硬皮马勃属、柄灰锤属（*Tulostoma* sp.）、硬皮地星属（*Astraeus* sp.）和地星属

袋形地星（*Geastrum saccatum*）

（*Geastrum* sp.）。

说到孢子，大秃马勃（*Calvatia gigantea*）在其一生中产生的孢子数量不是一百万，也不是十亿，而是数万亿。如果所有孢子都长成大秃马勃菌，那么地球表面将覆盖几十厘米厚的这种真菌。

世界各地的传统文明都将马勃菌作为止血剂使用。几丁质是其细胞壁的一种成分，它能与红细胞结合，形成凝胶状血块，借此止血。但是所使用的马勃菌必须是成熟的，这样才有孢子；如果外表很坚硬，可能不会有任何效果。也就是说，如果一颗马勃菌能吃，那它就不能入药。

Pyrenomycetes
核 菌

核菌是栖息在木材上的子囊菌，其充满孢子的子囊栖息在一个叫作子囊壳（perithecium）的结构中。鉴于这些结构是瓶状的，所以核菌的俗名叫"烧瓶状真菌"也就不奇怪了。大多数的子囊壳嵌在一个叫子座（stroma）的无菌组织中，有被称为孔口的开口，孢子就从孔口中释放。

许多核菌都有一种淡黑色的碳质结构，也因此常被误认为是烧焦的木材。它们利用这种结构中的黑色素作为防晒剂，因此它们不仅抗旱，而且有些种类是多年生的，四季不断。也有不是黑色的核菌。例如 *Hypomyces leotiicola*——这种寄生于黄柄锤舌菌（*Leotia lubrica*）上的核菌就是绿色的，而硫色肉座菌（*Hypocrea sulphurea*）则是亮黄色的。

核菌在热带和亚热带地区比在温带地区更常见。例如在百慕大，它们是游客最有可能遇到的真菌。

核菌包括炭角菌属、轮层炭壳属、蕉孢壳菌属（*Diatrype*）、肉座菌属（*Hypocrea*）、菌寄生菌属、炭团菌属（*Hypoxylon*）、柱壳菌属（*Camarops*）和炭墩菌属（*Kretzschmaria*），尽管一些真菌学家认为只有死人指等炭角菌科（Xylariaceae）的真菌才是真正的核菌。

另见词条：栗疫病（Chestnut Blight）；炭球菌（Cramp Balls）；死人指（Dead Man's Fingers）

红色名录

红色名录是世界上最全面的濒危生物名录的简称。

更正式地说，该名单被称为国际自然及自然资源保护联合会（IUCN）濒危物种红色名录。

濒危真菌还没有像植物和动物那样的地位，也许永远也不可能有，因为真菌神秘的习性使得它们难以琢磨。大约有 11 188 种鸟类和 5973 种哺乳动物被列入 IUCN 的红色名录，但截至本书出版前只有 625 种真菌被列入其中。即便如此，大多数欧洲国家都有自己的真菌红色名录，它们受污染、栖息地丧失、重金属、人工化肥、酸雨和气候变化威胁。在挪威的未受污染地区，真菌物种数量是德国受过量硫和氮污染的类似地点的两倍。事实上，德国真菌中的 35% 被列入了本国的红色名录。在丹麦也有大约 900 个真菌物种被列入红色名录，波兰有 800 个，保加利亚有 215 个。这些物种受到法律保护，任何采集它们的人都会被罚款。

北美在真菌保护方面远远落后于欧洲。事实上，如果你在谷歌上搜索"列入红色名录的北美真菌"，不会得到任何一条信息。最近，菲尔德自然史博物馆的真菌学家格雷戈里·穆勒在穆罕默德·本·扎耶德物种保护基金会的帮助下，试图通过启动北美红色名录项目来纠正这种状况。

实际上，所有红色名录都指明了严重的生态问题。

Reishi

灵　芝

灵芝是一种灵芝属的多孔菌，在亚洲的民间医学中已有数千年的历史。日语中"Reishi"这个词和汉语中的"灵芝"都是神圣蘑菇的意思，据说是因为将其煎煮后食用可以增加许多年的寿命。虽然北美的健康食品商店有时会把铁杉灵芝（*Ganoderma tsugae*）当作灵芝出售，但它与生长在落叶木上的亮盖灵芝（*G. lucidum*）是不同的物种。

在亚洲医学中，如身体出现下列问题都可以服用灵芝制成的茶：高血压，哮喘，性功能障碍，胃溃疡，心悸，肿瘤，食欲不振，失眠，流鼻血和便秘。还有一种作用虽然不是医学层面的，但也十分严肃：如果恶灵经常出没在家里，可以把一颗灵芝挂在门口防止它们进入。

根据罗伯特·罗杰斯的《真菌药房》（*The Fungal Pharmacy*），灵芝还被亚洲部分地区的偷猪贼用作麻醉剂，"以降低被偷的猪的尖叫声"。

另见词条：药用蘑菇（Medicinal Mushrooms）

Resupinate
平　伏

Resupinate 源自拉丁文 resupinus，意思是"弯曲的，脸朝上"。平伏的真菌与其说是弯下身子，不如说是平躺在水平的基质上。你可以在原木下找到它们，值得注意的是，它们的孢子是面朝下方的。这类真菌包括大多数多孔菌和革菌，以及像黑牡蛎（小伏褶菌，*Resupinatus applicatus*）和白牡蛎（白孢冬生褶菌，*Cheimonophyllum candidissimum*）这样带菌褶的蘑菇。

大多数平伏的真菌在冬季能生活得很好，因为它们把自己选择的原木当作羊毛外套来使用。这意味着它们可以在寒冷的天气下生存，而不同于大多数裸奔的真菌同胞。当其他真菌依靠风来传播孢子时，木材下平伏的真菌可以让它们的孢子通过昆虫和其他节肢动物传播。

由于菌丝体经常犯错，我们偶尔也能在原木下方发现那些本应长在原木顶部或侧面的带菌盖和菌柄的蘑菇，它们会以平伏的方式生长。小菇属真菌的菌丝体似乎特别喜欢犯这种错误。

Ristich, Sam（1915—2008）
山姆·里斯蒂奇

山姆·里斯蒂奇被美国东北部的蘑菇爱好者称为"宗师"，因为人们认为他在真菌知识方面具有超能力。在野外以及纽约植物园（他在那里教了15年书），他用自己极致的热情和出色的口才来传授这些知识。例如，他在发现一种有趣或不寻常的真菌时，会感叹"大自然是个迷人的女人！"他称真菌为"奇迹之物"。他拥有康奈尔大学的昆虫学博士学位，他也会把某些昆虫称为"奇迹之物"。

里斯蒂奇有着自己特立独行的一套行为方式。在他位于缅因州北雅茅斯的家中，冰箱里的食物常常比他正在培养真菌的各种动物（驼鹿、鹿、豪猪等）粪便还要少。他与朋友和熟人的交流不是通过电子邮件（他没有电脑），而是通过印有孢子印的明信片。事实上，他认为孢子印是一种艺术形式，去世前不久他还在缅因州的一家画廊举办了他的孢子印艺术展。

鹅膏菌属的一种真菌 *Amanita ristichii* 就是以里斯蒂奇的名字命名的。他出版的唯一一部作品叫作《山姆角：蘑菇宗师的公开日志》（*Sam's Corner: The Public Journal of a Mushroom Guru*），是他发表在缅因州真菌学协会简报上的专栏集。

另见词条：孢子印（Spore Print）。

Russula

红菇属

就像罗德尼·丹吉尔菲尔德[1]一样，被称为红菇属的

---

[1] Rodney Dangerfield（1921—2004），美国单口喜剧演员，以"我没有得到尊重"的口头禅而闻名。——编者注

蘑菇也没有得到"尊重"。事实上，有时它们没有自己的种名，而是被称为 JAR（Just Another Russula，只不过又是一种红菇）。这种轻视有几个原因：除了俄罗斯人通常会腌制它们之外，红菇属真菌的烹饪价值有限；采摘者总是在寻找其他蘑菇时发现它们；它们往往很难鉴定。虽然属名源自拉丁语中的"红色"，但红菇属真菌不仅有红色的，还有绿色、黄色、白色、灰色和棕色的。

红菇属真菌有时被称为脆褶菇，因为如果你把它们扔到树干上或没有很小心地处理，它们就会碎掉。这是因为它们的细胞膨胀浮肿，被称为球状细胞（sphaerocysts）。大多数其他蘑菇没有球状细胞，所以只会裂成几块。

虽然把红菇属真菌扔到树干上可能有助于发泄因无法识别它而产生的怒气，但许多红菇属真菌实际上非常独特。例如，黑紫红菇（*R. atropurpurea*）有一个诱人的紫红色菌盖；桂樱黄菇（*R. laurocerasi*）有一种可能被误认为是杏仁蛋白软糖的气味；而巴布亚新几内亚有一种名叫 *R. agglutina* 的红菇，其含有的精神活性化合物会导致所谓的"蘑菇疯症"。

锈 菌

不要与钢铁上的氧化铁相混淆，锈菌是一种在植物上的寄生菌，特别是商品植物。锈菌有 7000 种左右，几乎都属于柄锈菌目（Pucciniales）。

锈菌是担子菌，但与大多数担子菌不同，锈菌有一个有性阶段和两个或两个以上的无性阶段。不同的阶段不仅外观不同，宿主也不同。这方面最著名的例子之一是造成桧胶锈病的桧胶锈菌（*Gymnosporangium juniperi-virginianae*）。它主要在美国东部的红雪松上产生胶状的孢子角，并且可以感染海棠树和苹果树作为替代宿主。另一种是引发白松疱锈病的茶藨生柱锈菌（*Cronartium ribicola*），它在攻击白松的树皮之前，会先通过针叶侵染。由于这种锈病的替代宿主往往是醋栗丛或茶藨子属植物（*Ribes* sp.），因此在美国的几个州，运输或种植醋栗或茶藨子都是非法的。

锈菌经常流出一种甜美的分泌物，模仿花朵的花蜜，吸引蜜蜂和昆虫来传播它们的孢子。和其他担子菌一样，它们也依靠风来传播孢子。事实上，强风将咖啡驼孢锈菌（*Hemileia vastatrix*）的孢子从非洲的撒哈拉地区一路吹到了大西洋彼岸的中美洲，目前它正在那里摧毁咖啡种植园。

R

Santa Claus

圣诞老人

圣诞老人很有可能在圣诞礼物中藏着一颗毒蝇伞。以下是这种看似荒谬的说法背后的原因：

在拉普兰地区，萨满巫医曾乘坐驯鹿拉的雪橇拜访他们的信徒，信徒的前门周围会积雪，巫师不得不通过烟囱进入住宅。在访问之前，他会吃下几颗毒蝇伞。在萨米人（即拉普兰人）的传说中，如果一个萨满吃了这种蘑菇，最后会变得像这种蘑菇一样——圆润、发红，身上有白色斑点。

这些萨满会给他们的信徒提供医疗或个人建议，而不是现在苹果产品之类的圣诞礼物。此外，这种蘑菇经常会使食用者产生飞一般的感觉。驯鹿喜欢吃毒蝇伞，它们大概也会觉得自己在飞。在这里我得补充一点，因为驯鹿非常喜欢吃这种蘑菇，所以当代萨米族的驯鹿牧民会在固定地点放置毒蝇伞，这样驯鹿就会去牧民想要它去的地方。

这些细节也许不完全符合圣诞老人的形象，但至少勾勒出了一个驾驶驯鹿雪橇者的形象。

另见词条：毒蝇伞（Fly Agaric）。

Saprophytes

腐生菌

Saprophytes 源自希腊语 sapros，意思是"腐烂的"，在真菌学中的名字为 saprobes。腐生菌分解落叶、废物、树桩、倒下的原木、动物残骸和其他真菌中的有机分子。换句话说，就是那些受伤的、即将死亡的或已经死亡的有机体。一棵刚刚断枝的树就是腐生菌的主要营养来源。草坪土壤中的有机碎屑也为蘑菇属（*Agaricus* sp.）真菌和割草机蘑菇提供了生存机会。菌根真菌也可以是腐生菌，尽管它们的行为极其温和。

真菌乐于与人类玩文字游戏。也有人认为，基因改良或被驯化的植物相当于"受过伤"，因此攻击它们的真菌被称为腐生菌而不是寄生菌。房屋的木材受到干朽菌的攻击时也是如此，而干朽菌通常被称为寄生菌。另一方面，无数可以分解心材的真菌对树木的结构完整性有负面影响，它们被称为寄生菌，而不是腐生菌。迷宫栓孔菌（*Trametes gibbosa*）则既可以被称为腐生菌，又可以被称为寄生菌，因为它主要是山毛榉原木和树桩的腐生菌，但也寄生在其多孔菌的同类黑管孔菌（*Bjerkandera adusta*）的菌丝体上。

另见词条：割草机蘑菇（Lawnmower's Mushroom）；寄生菌（Parasites）；多孔菌（Polypores）。

Schobert, Johann（ca. 1735—1767）

约翰·肖伯特（约 1735—1767）

德国作曲家，不要把他与更知名的奥地利作曲家弗朗茨·舒伯特混淆。不过，肖伯特的死亡方式比他的音乐更有名。

尽管年轻的沃尔夫冈·莫扎特很欣赏肖伯特的音乐，但莫扎特的父亲利奥波德认为，这位作曲家的天赋"很差"。但无论肖伯特的音乐天赋有多差，都没有他识别蘑菇的能力差。在巴黎郊外的勒普雷—圣热尔韦，他采摘了一批蘑菇，并把它们带到一家餐馆，让厨师负责煮熟。厨师说："有毒！"肖伯特一气之下离开了，并去到了另一家餐馆，这家餐馆的厨师也说了同样的话。于是，肖伯特决定回家自己烹饪。这种蘑菇很可能是毒鹅膏，结果肖伯特和他的妻子离开了这个世界，只有一个孩子幸存。

Sclerotium
菌　核

一种地下的、略带褶皱、大致呈球形的结构，旨在封存营养物质，以便母体真菌（通常是多孔菌）能在恶劣的环境下生存。

也许最著名的产生菌核的真菌是茯苓（*Wolfiporia cocos*），其椰子形的菌核被美国东南部的原住民称为tuckahoe。这些人使用茯苓的传统方式与真菌本身的使用方式相似——作为一种紧急食品。在南北战争之前和战争期间，它也是逃亡奴隶赖以生存的食物。中国则利用茯苓的菌核达到健脾的保健目的。

被称为石头菌的块茎形多孔菌（*Polyporus tuberaster*）的菌核只有在还未成熟的情况下彻底煮熟才可以食用。在北欧，人们曾认为这种菌核由猞猁或狼标记其领土的尿液凝结而成，是绝对不能吃的。

其他产生地下菌核的物种有猪苓和澳大利亚的多孔菌雷丸（*P. mylittae*）。后者被称为黑伙计的面包，因为它曾是当地原住民的一种流行食物。在尼日利亚部分地区，菌核侧耳（*Pleurotus tuber-regium*）的菌核至今仍被用作人体彩绘中的原料。

Sequencing

测 序

测序是当代真菌学中神一般的存在，特别是在学术圈。测序技术包括从一小块真菌组织中提取遗传信息，以便给一种真菌命名——最好是一个新的名字。这些信息也能确定该物种和其真菌同胞之间的进化关系。从此，鉴定真菌不再依靠生理特征进行推断。

对一种真菌进行分子研究是为了稳定它的命名，但这似乎产生了相反的效果。尤其是属的名称，正在疯狂地改变，学者几乎无法跟上改变的步伐。在这个问题上，真菌学家加里·林科夫说："我认识的名字每年都在减少……我感觉自己患上了早发性阿尔茨海默病。"

从积极的方面来看，测序带来了一些了不起的发现，例如发现了一个新的原始真菌门，称为隐真菌门（Cryptomycota）。还发现了香菇属（*Lentinus*）这样的有褶蘑菇与多孔菌之间存在联系，而且比它们与其他有褶蘑菇的关系更密切。同样，桩菇属（*Paxillus*）和小塔氏菇属（*Tapinella*）这样的有褶蘑菇原来与牛肝菌密切相关。

目前，公共数据库中有 35 000 个左右由 DNA 序列代表的真菌物种。

Sex
性

除了某些酵母菌、霉菌和内生菌根菌通过克隆来进行繁殖，几乎所有其他真菌都必须进行有性生殖。

大多数真菌的孢子是雌雄异体的，这意味着它们需要与一个能兼容的孢子交配。与人类一样，信息素在实际交配之前就开始发挥作用。一个孢子也可以感觉到另一个具有不同单倍体染色体组的"伴侣"，并自发地朝它的方向移动。如果两个孢子已经萌发成为菌丝，将立即融合，互相结合遗传信息，成为一个菌丝体。

当一个孢子走进"那种"酒吧[1]，它往往也只能独自离开，因为两个孢子能发生交配的机会是非常渺茫的。这是真菌会大量生产孢子的原因之一。另一个原因是，很多孢子永远不会遇到另一半，因为它们很可能会落在不合适的基质上。

孢子的类型有时被称为"性别"。为了确保它们的生存，大多数真菌有许多"性别"，比如裂褶菌（*Schizophyllum commune*）有 28 000 种"性别"，是众所周知的大户。

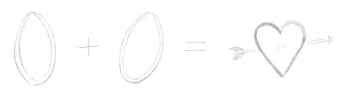

孢子的结合

另见词条：裂褶菌（Split Gill）；孢子（Spores）。

1　原文为"When a spore walks into a proverbial bar …"，作者在套用"walks into a bar"这类笑话开头。——审校者注

Shiitake (*Lentinula edodes*)

香 菇

Shiitake 是一个日语单词，翻译为"橡木蘑菇"。香菇是浅色或琥珀色的担子菌，生长在亚洲某些地区的野外。因为它们相对容易栽培，你也可以在后院的原木堆和世界各地的蘑菇种植基地中找到它们。你需要做的就是在橡木（或鹅耳枥）的原木上钻一个洞，然后将带有香菇菌丝的木塞插入该洞。在一年或更短时间内，香菇可能就会在原木上结出子实体。

香菇不仅被视为一种优质的食材，而且还被视为一种不错的药材。据称，从香菇中提取的化合物香菇多糖对治疗癌症、心脏病、糖尿病和高胆固醇都有很好的疗效。不知是因为香菇多糖还是其他一些神秘成分，香菇还被认为具有保持年轻和壮阳的功效。

另一方面，众所周知，这种蘑菇会让一些人产生令人不快的过敏现象，即香菇过敏症。这种过敏会导致皮肤看起来像是有鞭痕，这是由香菇多糖引起的。同样，患有自身免疫性疾病的人有时也会因为吃香菇而出现腹部不适和关节疼痛的症状。

S

另见词条：药用蘑菇（Medicinal Mushrooms）

Slime Molds

黏　菌

　　黏菌（myxomycetes）是类似原生动物的生物体，经常与真菌混淆，因此它们被列入这本真菌百科中。

　　与真菌不同的是，黏菌会自主爬行寻找食物，它们的食物大部分是细菌、原生动物和其他微生物。有一种黏菌移动非常缓慢，速度只有每小时一毫米。根据真菌学家布莱斯·肯德里克的说法，原质团阶段的黏菌可以成为不错的宠物，他喂给它们老式燕麦片而不是细菌。它们不需要管教，也不需要陪着扔网球玩。

　　下一个阶段称为孢子囊阶段，此时黏菌无法移动。在这期间，黏菌转变为类似子实体的结构，并开始制造孢子。这两个阶段十分不同，以至于真菌学家加里·林科夫把它们比作《化身博士》中的哲基尔博士和海德先生[1]。

---

[1]　因书中人物哲基尔和海德善恶截然不同的性格让人印象深刻，后来"Jekyll and Hyde"一词成为心理学"双重人格"的代名词。

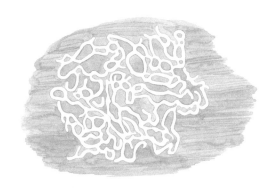

Hemitrichia serpula
Pretzel Slime Mold

蛇形半网菌（*Hemitrichia serpula*）

移动时，黏菌会采取最有效的路线寻找食物来源，因此它们被用来规划城市的交通路线。例如，多头绒泡菌（*Physarum polycephalum*）已经被用于重建东京铁路系统的微缩模型。

1958 年的科幻电影《变形怪体》似乎是以黏菌的行为模式为基础创作的。在这部电影中，一个外星"球体"像吞噬细菌一样吞噬了地球上的人类居民。

Sloths

树　懒

　　树懒是一种树栖哺乳动物，其外层的皮毛为各种昆虫提供了丰富的基质，同时也是真菌的基质，特别是生活在热带地区的树懒。树懒的毛发有凹槽，可作为真菌的栽培基地。史密森尼热带研究所的萨拉·希金博瑟姆在巴拿马的索韦拉尼亚国家公园的树懒皮毛中发现了多达 84 种不同的真菌物种。其中一些物种无疑是用来抵御特别讨厌的细菌、疟疾和南美锥虫病（Chagas disease）的。南美锥虫

树懒

病是热带地区的一种炎症性寄生虫病，病因并不是喝了太多白桦茸茶（Chaga tea）。

这样看来，树懒和许多人一样，也在以药用方式使用真菌。

Smell
气　味

正如真菌有各种不同的大小和形状，它们也有各种不同的气味。鬼笔的腐肉味是为了哄骗昆虫传播它们的孢子，而某些蘑菇的气味可能是在对潜在的食客说："如果你吃了我，你会后悔的。"还有一些蘑菇的气味可能不过是菌丝活动的副产品。

下面是一些蘑菇及其气味的例子：*Lactarius hibbardae* 闻起来像椰子；丝盖伞属的几种蘑菇有一种特殊的气味；*Cortinarius vulpinus* 有母猪发情的气味；香栓菌（*Trametes suaveolens*）和茴香多孔菌有茴香的气味；鸡油菌闻起来像桃子或杏子；橙黄鹅膏（*Amanita citrina*）闻起来像生土豆；灰褐丝膜菌（*Cortinarius paleaceus*）闻起来像天竺葵；

褐小菇（*Mycena alcalina*）闻起来像高乐氏消毒液；*Russula xeromphalina* 闻起来像熟螃蟹。最普通的蘑菇气味在不同人的鼻子里感觉并不相同，它们经常被形容为淀粉味、霉味或蘑菇味。在化学上，这种气味来自蘑菇醇。

最后，夏威夷有一种带菌幕的鬼笔（根据 2001 年《国际药用蘑菇杂志》上一篇不是特别可靠的文章）。

另见词条：茴香多孔菌（Aniseed Polypore）；鬼笔（Stinkhorns）。

Snake Fungus（*Ophidiomyces ophiodiicola*）
蛇 菌

爪甲团囊菌目中的一种土栖真菌。该真菌于 2006 年首次被记录下来，它几乎影响了美国东部和中西部从响尾蛇到束带蛇的所有蛇类。最近，在欧洲蛇类中也检测到了它。

蛇通过相互接触或从土壤中感染这种真菌的孢子。结果它们的身体出现病变——皮肤溃疡、异常蜕皮、脱水，以及失明。死亡率接近百分之百。如果蛇在真菌渗透到它们的组织之前完成蜕皮，还有可能能够摆脱这种真菌。

蛇菌是北美本地物种，在 21 世纪之前，当地蛇类似乎并未受到它的影响。这可能表明，如今由于栖息地的破坏、污染、人类的入侵以及其他人为因素，蛇类的免疫力已经或多或少地降低了，就像感染了壶菌病的两栖动物一样，后者似乎失去了免疫力。

另见词条：壶菌（Chytrids）；嗜角蛋白真菌（Keratinophiles）。

Snell, Walter（1889—1980）

沃尔特·斯奈尔

沃尔特·斯奈尔是真菌学家，也是美国职业棒球大联盟运动员，曾是波士顿红袜队 1913 年的五大接球手之一。后来，他成为罗德岛州普罗维登斯的布朗大学的棒球教练和真菌学教授。

除了树木疾病和建筑木材的腐烂，斯奈尔还专门研究过牛肝菌。1941 年，他与另一位牛肝菌专家埃丝特·A. 迪克（1909—1985）结婚，并开始共同撰写论文。1957 年，他们共同撰写了《真菌学词汇》（*A Glossary of Mycology*）。他们还共著了题为《北美东北部的牛肝菌》（*The Boleti of Northeastern North America*）的专著，受到高度评价。

你可以说斯奈尔的真菌学成就比他的棒球成就更加出色，因为沃利（Wally，斯内尔的昵称）在大联盟时期的平均击球率只有 0.25。

Soft Rot

软　腐

真菌软腐与细菌性软腐不同，通常不需要治疗，它是某些子囊菌在木材上进行的几乎没什么损害性的活动的结果。与大多数栖息在木材上的担子菌的菌丝体不同，子囊菌的菌丝体倾向于居住在相对较小的区域，通常是其宿主的最外层。因此，它们只分解少量的木材，在木材上形成的空洞也很小。但灰葡萄孢菌这样的软腐霉菌是例外，它的破坏性比造成软腐的一般子囊菌要强得多。

与白腐菌或褐腐菌不同，大多数软腐菌倾向于凉爽的环境，这就是我们经常能在春天看到羊肚菌等盘菌的原因之一，而这个时候大多数其他真菌都不会产生子实体。在春天生长的另一个原因是，它们不需要与那些具有更强腐坏能力的担子菌竞争。

据称，软腐真菌是近 3000 年前统治弗里吉亚的迈达斯国王陵墓中的主要致腐真菌。显然，这些真菌利用国王遗体中的氮来帮助它们在古老的陵墓中定居下来。

另见词条： 子囊菌（Ascomycetes）；褐腐（Brown Rot）；盘菌（Discomycetes）；贵腐（Noble Rot）；白腐（White Rot）

Spalting
菌染变色

S

菌染变色是各种真菌在死亡或垂死的木材中展开化学战的标志。最容易引起普通观察者注意的是它们在木材上留下的带纹。菌染变色更为正式的名字叫作假菌核平板图（简称 PSP）。这些线条通常都是弯弯曲曲的，被木工们所珍视，它们代表着某种特定菌丝体的腐烂领地，似乎是在对其他菌丝体说："我的地盘，严禁擅闯。"它们释放出各种化学物质来隔绝其他菌丝体，用真菌学家詹斯·彼得森的话说，以防"被那些菌丝恶意占领"。

最常见的带有菌染变色的木材来自桦树、枫树，特别是山毛榉树，能造成菌染变色的最常见真菌包括云芝栓孔菌（*Trametes versicolor*）、牛舌菌和焦色炭墩菌（*Kretzschmaria deusta*），其中焦色炭墩菌是一种特别热衷于制造蚀痕的真菌。

由于木工们很喜欢使用有菌染变色的木材，几家美国公司已经获得了用孢子接种木材的专利，他们认为木材最终能形成他们想要的蚀痕。

另见词条：绿斑菌（Green Stain）.

Split Gill（*Schizophyllum commune*）

裂褶菌

一种体型相对较小的群集性蘑菇，有一个模糊不成形的菌盖和类似菌褶的褶皱，这种褶皱经常被误认为是真正的菌褶。它的种名 commune 意为"common（常见的）"，是想告诉人们，除了南极洲之外，在每个大陆都可以找到裂褶菌。

20 世纪 50 年代，哈佛大学的真菌学家约翰·雷珀确定裂褶菌的孢子有 28 000 种交配类型（性别），这也是它无处不在的原因之一。另一个原因是，裂褶菌可以多次脱水后再水化，每次恢复都会释放孢子。

裂褶菌通常在腐烂的木材上定殖，在那里进行一种非常温和的白腐。偶尔也会在青贮饲料以及人类的鼻窦和肺部发现它们。本书作者还发现，它们能生长在婆罗洲猎人

Schizophyllum commune
Split Gill
裂褶菌

很久以前收获的猎物头骨上。它们也会寄生在植物病原真菌上，用自己的菌丝"勒死"这些真菌的菌丝。

裂褶菌的质地有点像皮革，这使它成为东南亚的上等食材，在那里，"味道"和"质地"常常被混为一谈。然而，在北美的旅游指南中，它被列为"不宜食用"。

另见词条：性（Sex）。

Spongiforma squarepantsii
海绵宝宝蘑菇

2011年，真菌学家汤姆·布伦斯在马来西亚砂拉越州首次发现了一种亮橘色的、极度柔软的海绵状牛肝菌家族成员，并以著名的尼克儿童频道卡通人物海绵宝宝为它命名。

这个蘑菇的种名 squarepantsii [1] 是由布伦斯和他的两个同事想出来的，这让某些真菌学家很不高兴。毕竟，科

---

1 《海绵宝宝》的英文名为 *SpongeBob SquarePants*。——编者注

学不应该是有趣的，至少他们这么认为。但科学是一个包罗万象的学科，它没有理由脱离趣味性，如果情况需要的话，它甚至可以很搞笑。毕竟，棉尾兔的一个亚种就以休·海夫纳[1]的名字命名为 *Sylvilagus palustris* var. *hefneri*，还有一种生活在黏菌中的甲虫以乔治·W. 布什的名字命名为 *Agathidium bushi*。

Spore Print
孢子印

制作孢子印，是将蘑菇放在白色或深色的纸上，让其子实层面朝下，以便释放孢子并确定其颜色。这种颜色可以作为一个鉴定特征，有助于人们辨认标本。历史上，真菌的分类部分基于孢子颜色。19 世纪真菌学家伊利阿斯·马格努斯·弗里斯就特别喜欢这种分类方法。然而，应该注意的是，太老或太嫩（未成熟）的蘑菇可能不会产生任何孢子。

1　美国企业家，《花花公子》杂志的创刊人及主编，花花公子企业的创意总监。

孢子印

　　制作孢子印的一个非常重要的原因是，蘑菇未成熟时的菌褶或菌孔的颜色不一定与成熟时相同。其中一个例子是大青褶伞（*Chlorophyllum molybdites*），这是一种有毒的真菌，其菌褶在幼年时是白色的，成熟后则变成绿色。过分急切的食菌爱好者可能会将大青褶伞误认为成熟时有白色菌褶的高大环柄菇（*Macrolepiota procera*），然后为此付出医疗代价。

　　通常情况下，孢子印算得上艺术品。事实上，真菌学家山姆·里斯蒂奇曾经在一家艺术画廊展出过他的孢子印。

另见词条：伊利阿斯·马格努斯·弗里斯 [Fries, Elias Magnus (1794—1878)]；山姆·里斯蒂奇 [Ristich, Sam (1915—2008)]；孢子（Spores）。

Spores

孢 子

孢子是由藻类、植物、细菌和真菌产生的微小的种子状繁殖体。没有孢子就没有真菌，所以子实体需要尽可能多地制造孢子，因为 99.9% 的孢子不会落在橡木原木上，而会落在错误的地方，比如停车场或谁家的户外蹦床上。你晚上躺着的枕头上可能就有多达 50 万个孢子——其实它们也不愿出现在那里。

一个寻常的蘑菇在其生命的鼎盛时期每秒能产生多达 3 万个孢子。某些孢子可以保持 100 年以上的活力，如果一个孢子走进酒吧，可以直接坐在凳子上等待，等上足够长的时间，直到一个可以兼容的配型走进来。

描述孢子的词语包括：光滑的、球形的、有角的、椭圆形的、有结节的、有纹饰的、星形的、菱形的、六边形的、尿囊状的、梭形的和疣状的。还有许多丝盖伞属真菌的孢子形状像小熊软糖。虽然孢子的长度往往只有千分之一毫米，但每个孢子都携带着母体真菌的全部基因组。

昆虫是传播孢子的良好媒介，人类也是如此。如果一个孢子落在一件背心或三件套衣服上，又或者落在一辆婴儿车或自行车上，它可能——只是可能——最终会被输送到适当的基质上。

另见词条：性（Sex）；孢子印（Spore Print）；基质（Substrate）。

Stamets, Paul（1955— ）
保罗·史塔曼兹

保罗·史塔曼兹常被称为文艺复兴式的真菌学家，因为他对真菌的兴趣十分多样，其中包括真菌修复、蘑菇培育、真菌药材、昆虫和真菌的关系，以及迷幻蘑菇。关于最后一个问题，他出版的《全球裸盖菇素蘑菇》（*Psilocybin Mushrooms of the World*）是一本标准指南。史塔曼兹发表了许多 TED（Technology, Entertainment, Design）演讲，并拥有称得上是世界纪录的真菌专利。他还是"完美真菌"（Fungi Perfecti）公司的创始人兼首席执行官，这是一家位于华盛顿谢尔顿市的公司，专门致力于开发与蘑菇相关的产品。

史塔曼兹曾告诉本书作者，当我们到达另一个星球时，首先看到的将是真菌的菌丝体。事实上，在他的《菌丝体的奔跑》（Mycelium Running）一书中，他预言未来会有一本名为《星际天体真菌学杂志》的出版物。因此，在电视剧《星际迷航：发现号》中会出现一位名叫保罗·史塔曼兹中尉的天体真菌学家也就不足为奇了。史塔曼兹中尉是太空蘑菇方面的专家，据他观察，"所有银河系的生命都起源于孢子"。

在现实生活中，史塔曼兹坚信真菌可以拯救我们的星球。例如，他目前正在做一项使用真菌来防止蜜蜂蜂群崩溃的研究计划。如果有诺贝尔真菌学奖，史塔曼兹绝对是一个合格的候选人。

S

Stem

菌　柄

　　菌柄也称为菌杆，是一些有菌褶的蘑菇、牛肝菌、少数子囊菌，甚至是一些多孔菌的共同特征。如果一个蘑菇生长在地面上，菌柄通常会很明显，因为承载孢子的菌盖必须具备一定的高度，这是很重要的一点。许多木头上的蘑菇要么没有菌柄，要么只有经过改良的菌柄，因为一般来说，树枝、树桩或真正的树已经提供了合适的高度。

　　描述不同种类真菌菌柄的术语包括：肉质的、坚韧的、鳞状的、有刺的、纤维状的、丝状的、空心的、软骨质的、革质的、膨胀的、黏稠的和歪斜的。棱柄条孢牛肝菌（*Boletellus russellii*）的菌柄是最为蓬松粗糙的，有时看起来像是歪了的脊椎骨。某些鹅膏菌属的菌柄底部有一个突出的囊状结构，称为菌托。另一些鹅膏菌属真菌有根状菌柄，为了鉴别它们，你需要挖地三尺才能收集到整朵蘑菇，只是切下菌盖和一部分菌柄还远远不够。

　　膜褶菌属（*Hymenopellis*）和拟干蘑属（*Paraxerula*）真菌的菌柄比所有鹅膏菌属真菌都要埋得深。本书作者曾发现一颗鳞柄膜褶菌（*Hymenopellis furfuracea*），它将近 60 厘米长，而只有大约 17 厘米长在地面以上。

Stinkhorns

鬼　笔

鬼笔常常指鬼笔目（Phallales）的担子菌，俗名已经表明了它们外在的形状。除此之外，鬼笔菌的形状还包括：海星状、篮子状、雪茄状、蜥蜴爪状和鱿鱼状。但无论其形状如何，所有的鬼笔菌都有一个共同点——会从被称为产孢组织的黏稠孢子团中散发出令人厌恶的气味。这种气味被形容为"刺鼻的腐肉味"，能吸引飞虫，特别是喜欢腐肉的苍蝇来传播孢子。短裙竹荪（*Phallus duplicatus*）有一个下垂的、类似窗帘的菌幕，可以作为梯子，让不会飞的昆虫也能爬上去，到达它的产孢组织（非常民主）。

Phallus ravenelii
Common Stinkhorn

雷氏鬼笔

人类并没有昆虫对鬼笔那样的热情。在新英格兰，人们曾认为在自家土地上发现鬼笔预示着家中即将有人死去。查尔斯·达尔文的女儿埃蒂曾在她的庄园里收集鬼笔并将其烧毁，以免这种东西令她的女仆道德沦丧。早先一位美国博物学家在闻到雷氏鬼笔（*Phallus ravenelii*）后说，这就像是"世界上所有难闻的气味都放了出来"。

鬼笔的"蛋"呈现出圆形结构，贴着地面，子实体就在这里，它们提醒着人们，鬼笔是马勃菌的亲戚。在欧洲，这些菌蛋有时被当作松露出售。

另见词条：白鬼笔（*Phallus impudicus*）；气味（Smell）。

Substrate

基　质

西班牙哲学家奥特加·加塞特曾写道："告诉我你居住的地方的风景，我就会告诉你你是谁。"如果你在和一种真菌说话，你也可以这么说：告诉我你的基质是什么，我通常就能认出你。

基质是真菌获取营养借以生存的物质。任何有机物或有机体，甚至稍微带点有机的东西都可以成为基质，不仅包括木材、粪便和土壤，还包括角蛋白、石蜡、昆虫、污水、富营养化的水体、壁纸、电缆套管、窗帘、双筒望远镜、旧书、咖啡渣、被水污染的喷漆燃料、空间站、松树树脂，甚至是人类的内脏——在这里，已经被记录的真菌有 267 种（葛丽泰·嘉宝[1]，你并不孤独！）。我们的脚趾缝大约是 40 种真菌的家园，它们心甘情愿在那里生活，而非地球上的其他地方。即使是泰坦尼克号的残骸上也有真菌：泰坦尼克号上的盐单胞菌（*Halomonas titanicae*）[2]目前正在侵蚀它的残骸。另外一些海洋真菌似乎更愿意吃海藻而不是沉没的客轮。

通常情况下，城市公园里的真菌种类要比老林子里的丰富。这是因为公园里的基质种类要多得多，有些是天然的，有些是被人为破坏的，有些则是从其他地方带来的，而真菌在寻找栖息地时，绝对是投机分子。

S

---

[1] Greta Garbo，20 世纪著名女影星，于 1990 年因肺部感染去世。——编者注

[2] 盐单胞菌是细菌，不是真菌。原文有误。——审校者注

Tar Spot（*Rhytisma* sp.）

焦油斑（斑痣盘菌属）

一种子囊菌，看起来和焦油斑点无异。主要存在于红枫、银枫、糖枫、大叶枫、挪威枫以及美国梧桐树的叶子上。为了附着在这些叶子上，焦油斑的每个孢子都会流出少量的黏液。这些孢子在真菌界中是最消瘦的孢子之一，它们长 200 ~ 300 微米，宽仅有 3 微米。

焦油斑对仍在树枝上的叶子没有什么不利影响，只会

R hytisma acerinum
Tar Spot

槭斑痣盘菌（*Rhytisma acerinum*）

导致过早落叶，而且只是比正常落叶期稍早一些。只有当叶子落到地上，焦油斑才会开启用餐模式，其孢子会通过芽管感染已经死亡的叶片表皮细胞。

但是，二氧化硫的排放对焦油斑有不利影响，所以你不太可能在高度污染地区的叶片上发现它们。因此，焦油斑可以被视为评价空气质量的一个指标。

Teonanacatl
神之肉

Teonanacatl 在阿兹特克语里读作特奥纳纳卡特尔，常被译为"神之肉"，指有精神作用的蘑菇，早期与阿兹特克人一起生活的西班牙传教士曾试图阻止这种蘑菇的使用，称其为"魔鬼之肉"。

根据多明我会修士迭戈·杜兰的说法，蒙特祖马皇帝的加冕仪式上不仅有常见的人祭，还有大量的"神之肉"，他说这些祭品对人们的影响"比喝了很多酒还要大"。

阿兹特克人似乎并不局限于使用单一的蘑菇种类，而是将几种裸盖伞属和斑褶菇属的蘑菇都用于祭祀。马萨特克巫师玛丽亚·萨宾娜给民族真菌学家高登·华生吃过的只是裸盖伞属蘑菇，她将裸盖伞属蘑菇称作"圣洁的孩子"，而不是"神之肉"。

在墨西哥和危地马拉，人们发现了被称为真菌石（piedras hongo）的石雕和陶像，它们的脑袋上戴着蘑菇菌盖，菌柄上是明显的灵像。这些文物可能与"神之肉"有某种联系。

另见词条：迷幻蘑菇（Magic Mushrooms）；高登·华生 [Wasson, Gordon (1898—1986)]。

Thaxter, Roland（1858—1932）
罗兰·萨克斯特

罗兰·萨克斯特是哈佛大学的一名真菌学家，绰号"喷枪真菌学家"，因为是他将真菌消杀剂喷雾引入了美国农业。即便如此，他将其科学生涯的大部分时间用在了子囊菌的研究上。他专门研究虫囊菌目（Laboulbeniales），这类真菌会在某些昆虫的外骨骼上形成一层薄薄的几丁质层。在 1896 年至 1931 年期间，萨克斯特出版了五卷本的调查报告，其中包括大约 3000 幅用钢笔精心绘制的插图。

不在哈佛大学的实验室工作时，萨克斯特会展开收集之旅，特别是到南半球的偏远地区。他从马尔维纳斯群岛、巴塔哥尼亚和火地岛收集的标本在哈佛大学的法洛植物标本馆中占据了相当空间。

萨克斯特在缅因州基特里角有一个静居处，在那里的时候，他每天上午 11 点会准时去北大西洋的冰冷海水中裸泳。这表明他并没有将非凡的精确性仅用在插图上。

Toadstool

毒蕈

Toadstool 是对蘑菇的嘲讽式表达，特别是有毒的蘑菇，尽管直到不久之前，这个词在英国仍用来指代任何种类的蘑菇，甚至是可食用蘑菇。

这个词的词源很难说清。它可能来自古德语单词 tode（意为"死亡"）以及 stole（意为"椅子"）。或者是古冰岛语中指代"粪便"的 tad 和指代"厕所里的凳子"的

有毒的蟾蜍坐在蘑菇上

stoll 的融合。还可能与"有毒的蟾蜍坐在蘑菇上"的形象
有关。在过去,人们想当然地认为蟾蜍是故意将毒液传给
了屁股下面的蘑菇。因此,如果吃了它们,甚至只是触摸
了一下,你就可能惹上大麻烦。Toadstool 这个词的每一
个潜在的起源都有相同的含义——蘑菇很邪恶,不要去惹
它们。

　　Mushroom 这个词的起源也有一层神秘的色彩。它可
能来自古法语单词 mousseron,意思是"苔藓";也可能

来自拉丁语中的 mucus，意思是"滑溜溜的"或"黏糊糊的"。也可能来自古英语、古德语或古北欧语中意为"苔藓"的词汇。

多孔菌、革菌和微型真菌往往没有被赋予类似的负面、委婉的说法，因为它们没有可食用性。

另见词条： 真菌恐惧症（Mycophobia）

Tooth Fungi
齿　菌

齿菌是由担子菌门下至少 8 个不同的菌目组成的集合体，它们有一个共同点，即拥有细长的突起，称为菌齿（aculei，不咬人），方向垂直向下。这些菌齿是一种进化适应，它证明了一点："比起菌褶或菌孔，我可以用我向下的突起更好地创造和传播孢子。"

有些菌齿是尖的，有些是扁平的，还有一些看起来似乎得看看牙医，比如名为细齿产丝齿菌（*Hyphodontia barba-jovis*）的菌齿。它们的子实体有些是平伏的，或呈檐状，有柄。至少有一种齿菌会流出草酸液滴，比如派克亚齿菌。

一些多孔菌，如白囊耙齿菌（*Irpex lacteus*），二型附毛孔菌（*Trichaptum biforme*）和冷杉附毛菌（*Trichaptum abietinum*），菌孔周围长有齿状突起，但它们实际上并不是齿菌。

齿菌可以居住在木材上，也可以是外生菌根真菌。在后一种情况下，它们不会形成仙女环，所以从来没有人拿牙仙故事开它们的玩笑。齿菌主要包括齿菌属（*Hydnum*）、亚齿菌属（*Hydnellum*）、齿耳属（*Steccherinum*）、栓齿菌属（*Phellodon*）、肉齿菌属（*Sarcodon*）和肉齿耳属（*Climacodon*）。

Train Wrecker（*Neolentinus lepideus*）

火车破坏者（豹皮新香菇）

一种肉质蘑菇，"火车破坏者"是其俗名，它在中国叫作洁丽新韧伞。这种蘑菇有白色至浅黄色的鳞片状菌盖和同样鳞片状的、向下逐渐变细的菌柄，并有一个菌环。

它的菌褶是锯齿状的，看起来好像被某种非常小但贪吃的动物咬过。

虽然迄今为止还没有发现过能破坏火车的蘑菇，但这种蘑菇能破坏铁路枕木，因为它能消化经木馏油防腐处理过的针叶木材，也就是铁路枕木使用的木材。由于火车破坏者同样能消化针叶木材做的电线杆，它们也可以被称为"电线杆破坏者"。

火车破坏者是香菇（*Lentinus edodes*）的铁杆表亲，直到 20 世纪 70 年代初，美国农业部一直禁止香菇从亚洲进入美国，以免它们也会破坏铁轨。

火车破坏者是可以食用的，除非它们生长在铁轨上——在这种情况下，它们可能会吸收木馏油，一种不那么令人愉快的化学物质。

另见词条：香菇（Shiitake）。

T

Truffles

松　露

松露是地下块茎状的子囊菌，能与各种树木形成菌根关系，特别是橡树。两种最受美食家青睐的品种是黑松露——黑孢块菌（*Tuber melanosporum*）和白松露——大块菌（*Tuber magnatum*），常在苏富比拍卖会上以数千美元的价格售出。大团囊菌属（*Elaphomyces* sp.）和黑腹菌属（*Melanogaster* sp.）这样的假松露相当常见，但苏富比的经销商认为它们毫无价值。

松露以其丰富的气味来强调自己的存在。黑松露的气味与发情的公猪的气味非常相似，这就是长期以来人们用母猪来寻找它的原因。但松露的气味不是为了吸引母猪，而是吸引昆虫和小型啮齿动物来吃它的孢子。这些孢子可以不受干扰地通过食客的消化系统，松露希望通过这种方式，让富含孢子的粪便沉积在适合菌根生长的树木附近。巧合的是，在某些松露中发现的一种化合物——α-雄甾烯醇——也存在于男性的腋窝汗液和女性的尿液中。

在中世纪，僧侣被禁止吃松露，以免他们忘记自己的独身生活方式，开始追求女性。

Turkey Tail（*Trametes versicolor*）
火鸡尾巴（云芝栓孔菌）

火鸡尾巴是一年生多孔菌，其俗名源自它与雄性火鸡尾巴相似的外形，在中国也称云芝。

我们可以通过带有长半圆形的菌盖、小小的菌孔以及层次丰富的颜色来辨别云芝栓孔菌（其种名 versicolor 的意思即为"颜色多变的"）。云芝栓孔菌能在落叶木的原木和树桩上引起白腐病。它们不仅在世界各地都很常见，而且容易大量生长，这是由于它的菌丝能分泌强大的酶。这些酶可以抑制与云芝共享同一木质基质的其他菌丝体的生长或将其杀死。但桦栓菌除外，它的菌丝体可以抑制云芝的菌丝体的生长或将其杀死。

云芝栓孔菌子实体中的酶有时被用来漂白蓝色牛仔裤，以使它们呈现出时尚的水洗外观。达科他地区的原住民倒是不用它来漂白衣服，而是用来给汤和炖菜增添风味。云芝栓孔菌中的多糖被认为具有刺激免疫系统的药效，它也因此成了亚洲最受欢迎的真菌药材之一，而且越来越多地被用于世界其他地区。

鉴于其子实体丰富的多样性，云芝栓孔菌实际上是一个物种群，而不是一个单独的菌种。

另见词条：药用蘑菇（Medicinal Mushrooms）；多孔菌（Polypores）；白腐（White Rot）.

T

Umbo

菌盖中心突起

Umbo 是 Umbonate 的缩写，指的是菌盖中心旋钮或乳头状的突起。如果菌盖上的突起是尖的，就描述为尖的（acute）；如果是圆的，就描述为圆头的（cuspidate）；如果它类似于女性的乳房，就描述为乳头状的（mammillate）或乳突状的（papillate）。

菌盖中心突起

蘑菇进化出菌盖上的突起部位，可能是为了在释放孢子之前推开叶子、垃圾和木屑。而相比一年中的其他季节，带突起的真菌在秋季更常见，因为此时有更多的落叶和木屑，这似乎支持了这一理论。

有菌盖中心突起的蘑菇包括湿伞属（Hygrocybe）、锥盖伞属、丝盖伞属和丝膜菌属（Cortinarius）的一些真菌。有人认为鹅膏菌属的 Amanita penetratrix 有十分坚硬的突起是因为该物种最初深藏在地下，需要上升相当长的距离才能最终破土而出。长根暗金钱菌（*Phaeocollybia christinae*）的菌盖有非常尖锐的突起，似乎是想从疯狂的蘑菇采集者身上抽出血液。

Valley Fever
山谷热

山谷热的正式名称是球孢子菌病（coccidioidomy-cosis），在加利福尼亚的圣华金河谷特别常见，那里有一半以上的人口可能被感染。这解释了该病的另一个俗名——圣华金谷热（San Joaquin Valley Fever）。

山谷热主要由粗球孢子菌（*Coccidioides immitis*）引起，这是一种栖息在高碱性土壤中的真菌。在干旱时期，粗球孢子菌会留在土壤中，一旦遇上降雨，它的分生孢子（无性孢子）会依托雨水在空气中传播，很容易被人体吸入，从而导致呼吸道问题。在某些情况下，这种真菌也会影响到身体的其他部位，已有研究证明它可以在骨骼、关节、内脏和脑膜中引起病变和脓肿。然而应该注意的是，山谷热的症状与普通感冒或流感相似，因此大多数病例都没有受到重视。

除了雨水之外，建筑活动目前也被归咎为这种疾病激增的诱因之一。毕竟，建筑活动和雨水一样，容易扬起大量孢子。过度的耕作则是另一个原因。

山谷热最早于1893年在阿根廷被记载，是西半球干旱地区的地方性疾病。

另见词条：鸟粪（Bird Droppings）。

Veil

菌　幕

一些蘑菇柄上由残留的内菌幕形成的环状结构，也被叫作菌环。菌幕是覆盖某些蘑菇的保护膜，特别是未

Phallus duplicatus
Veiled Stinkhorn

短裙竹荪（*Phallus duplicatus*）

成熟的鹅膏菌属真菌。这是一种纱状物，覆盖整个蘑菇时，被称为外菌幕；当它只起到连接菌盖和菌柄的作用时，则被称为内菌幕。两者都是为了保护蘑菇最重要的部分——菌褶或菌孔，直到子实体决定生产孢子。在这之后，菌幕会破裂，通常会在柄部周围留下一个下垂的、像裙子一样的组织。有时，这样的破裂会在菌盖上留下鳞片或疣状突起，或者像鹅膏菌属真菌那样，在菌柄的基部留下一个叫作菌托的囊状物。

在所有的菌幕中，最吸引人的也许要属短裙竹荪（*Phallus daplicatus*）的菌幕。它的下垂长度覆盖了大半截菌柄，看起来像是一颗试图掩盖其形态以逃避审查的鬼笔——但这只是一次并不成功的尝试。

Wasson, Gordon （1898—1986）

高登·华生

　　高登·华生是民族真菌学家和华尔街银行家。他曾在摩根大通公司担任了 20 年的副总裁，是一位政治上的保守派，也是一位千万富翁，但令他闻名于世的是他对具有精神活性蘑菇的热爱。你可能会认为这样一个人一定对昂贵的松露感兴趣，而不是迷幻蘑菇。事实恰恰相反，他在 1955 年访问了马萨特克巫师玛丽亚·萨宾娜，并将他的访问写进了《生活》杂志的一篇文章中，他付钱让杂志社将其发表，从而点燃了全球人民对迷幻蘑菇的兴趣。

　　华生对毒蝇伞特别着迷，这种蘑菇在过去的木制品中几乎无处不在，甚至可以追溯到石器时代。他在《唆麻》（*Soma*）一书中指出，毒蝇伞是一种古老的吠陀麻醉药，名叫 "soma"。

　　华生的朋友和信徒包括 LSD 制造者阿尔伯特·霍夫曼、哈佛大学民族真菌学家理查德·伊文斯·舒尔兹以及反主流文化的代表人物特伦斯·麦肯纳和蒂莫西·利里等知名人士。

另见词条: 民族真菌学（Ethnomycology）； 毒蝇伞（Fly Agaric）；神之肉（*Teonanacatl*）。

Waxy Caps

蜡伞蘑菇

蜡伞蘑菇是某些小型或中型蘑菇的统称，它们宽大的菌褶上摸起来通常会有蜡质感。蜡伞蘑菇包括蜡伞属（*Hygrophorus*）、湿果伞属（*Gliophorus*）、拱顶伞属（*Cuphophyllus*）、湿皮伞属（*Humidicutis*）和湿伞属（*Hygrocybe*），其中湿伞属颜色最丰富，引人注目。青绿湿伞（*Hygrocybe psittacina*）是绿色的，浅黄湿伞（*H. flavescens*）和蜡黄湿伞（*H. chlorophana*）是金黄色的，而绯红湿伞（*H. coccinea*）是红色或猩红色的。无论其颜色如何，所有的蜡伞蘑菇孢子都是白色的。

由于蜡伞蘑菇经常在天气寒冷或至少凉爽的时候结出子实体，它们黏糊糊的菌盖可能是一种防冻剂。其中不少蜡伞蘑菇在霜降之后仍会继续结出子实体。

蜡伞蘑菇一般都是腐生菌或内生菌，而不像人们曾经认为的那样是菌根真菌。它们不仅栖息在森林中（主要与苔藓联结），而且还栖息在不同类型的草地上。它们是古老或未施肥草原情况良好的指标，而这种栖息地正在减少，所以某些蜡伞蘑菇的数量似乎也在减少。

White-Nose Syndrome
白鼻综合征

White-Nose Syndrome 通常缩写为 WNS。这是一种由嗜冷的子囊菌——毁坏假裸子囊菌（*Pseudo-gymnoascus destructans*）引起的蝙蝠疾病，其菌丝体会覆盖受害者的翅膀和皮肤，但主要是鼻子（口），使受害者的鼻子呈现白色。被这种菌丝体感染的后果是，居住在洞穴中的蝙蝠往往会失去冬季冬眠所需的脂肪。

到目前为止，在北美已经有 15 种不同种类的约 700 万只蝙蝠死于这种疾病。毁坏假裸子囊菌可能是一个欧亚真菌物种，但它没有在欧洲造成蝙蝠死亡，这表明北美蝙蝠要么没有进化到可以应对它，要么是因为栖息地丧失和环境退化等因素导致其免疫系统被削弱。

W

WNS 不会传染给人类，但它最初可能是由前往洞穴的人类访客通过孢子传染给蝙蝠的。一个相反的情况是荚膜组织胞浆菌（*Histoplasma capsulatum*），它生长在浸渍了蝙蝠粪便的土壤中，它会引起组织孢浆菌病，一种可以通过孢子传染给人类的疾病。

截至目前，一些蝙蝠物种似乎发展出了对 WNS 的抵抗力或应对策略，如每晚一起醒来，让群体温度升高。

另见词条：鸟粪（Bird Droppings）；壶菌（Chytrids）。

White Rot

白 腐

众所周知，木质素是一种将木材中的纤维素黏合在一起的"胶水"。能分解木质素的真菌被称为白腐菌，因为其产生的酶的活动会使木材呈现出白色。受白腐菌攻击的木材可被描述为柔软、多孔和纤维状。如果有一个词可以用来描述白腐过程本身，那就是"罕见"，因为只有真菌和少数细菌有能力分解木质素。漆酶和各种过氧化物酶等酶是降解木质素的主力军。即便对于白腐菌来说，木质素也是很难消化的，所以菌丝体必须使用这些酶工具将其转化为更易消化的有机化合物。

蜜环菌属真菌是很厉害的白腐菌，它会攻击健康的树木。不太厉害的白腐菌包括云芝栓孔菌和侧耳属中的平菇（糙皮侧耳，*Pleurotus ostreatus*），它们通常攻击死亡或垂死的树木。

一些白腐菌也会进行褐腐过程，这意味着它们既可以消化纤维素，也可以消化木质素。这种真菌有时被称为双腐菌。

另见词条：褐腐（Brown Rot）；蜜环菌（Honey Mushroom）。

Witches' Broom
女巫扫帚

这是一种真菌疾病，染病后植物的外形类似倒立的扫帚。这些"扫帚"看起来破破烂烂的，曾被认为是被女巫丢弃的无用之物。人们还认为，女巫飞过树或其他

Witches' Brooms

女巫扫帚

植物时，她的扫帚会让植物染上这种病。容易感染女巫扫帚的大多是落叶树和针叶树。

女巫扫帚是由栅锈菌属（*Melampsora*）等担子菌和外囊菌属（*Taphrina*）等子囊菌引起的。它们的菌丝体会释放激素，刺激宿主的小枝异常生长，然后以这些生长组织为食。通常情况下，这种进食不会对宿主本身造成严重损害。有时，一棵树可能已经健康状况欠佳，其虚弱状态会吸引能导致女巫扫帚病的真菌。例如，某些栅锈菌属的真菌只在经历过火灾的树木上形成女巫扫帚。

女巫扫帚有一个用处——常常被北美飞鼠用作休息站和筑巢地。

Xerotolerant Fungi

耐旱菌

这里的"Xerotolerant"不是指绝不容忍其他真菌不良行为的真菌，而是指耐受干燥环境的真菌。耐旱菌大多数是菌根真菌，拥有能够延伸到干燥土壤或沙漠土壤深处的菌丝，以便与它们伙伴的根相连。这样的物种也被称为喜旱生物（xerophiles）。

耐旱菌包括轴灰包菌（*Podaxis pistillaris*）、钉灰包属（*Battarrea* sp.）和柄灰锤属真菌、沙漠松露、沙生蒙氏假菇（*Montagnea arenaria*），以及硬皮地星（*Astraeus hygrometricus*）。其中硬皮地星的放射状组织在干燥的气候下会闭合，但在湿润或潮湿的气候下则会打开，这解释了它的英文俗名——"气压计地星"（barometer earthstar）。

某些不太起眼的耐旱菌不是特别讨人喜欢。比如栖息在布满灰尘的房屋里的各种真菌，它们与细菌争夺零星的食物。再比如喜欢在食物上生长的曲霉属真菌，对于它们来说食物储存的时间越长、储存室越封闭越好。有一种曲霉属真菌可能生长在2000多年前与图坦卡蒙一起埋葬的食物上，并导致了著名的"法老诅咒"。由于其基质的选择，真菌学家布莱斯·肯德里克将曲霉属真菌描述为"可能是所有生物中最耐旱的"。

另见词条：沙漠松露（Desert Truffles）；图坦卡蒙的诅咒（King Tut's Curse）；霉菌（Mold）。

Yeasts

酵母菌

酵母菌为单细胞真菌，大约包括 100 个属，通过芽殖或裂殖进行繁殖（细胞分裂）。几乎所有酵母菌都是无法用肉眼看见的。它们可能是安东尼·范·列文虎克发明光学显微镜后观察到的第一类生物。

遗传学家喜欢酵母菌，因为它们很容易在实验室中生长。酿酒师也喜欢酵母菌，因为它们可以被用来制造酒精饮品，这种做法至少有 8000 年的历史了。酿酒酵母菌（*Saccharomyces cerevisiae*）被用来制作面包的历史也几乎一样悠久，它们能吞噬面包面团中的糖分，然后释放出二氧化碳气泡，迫使面团发起来。古埃及人相信，冥王欧西里斯给了人类酵母菌以提升他们的生活质量。

人类喜欢酵母菌，酵母菌也喜欢人类。作为我们身上真菌生物群系（mycobiome）的居民（注意：细菌居住的地方叫"微生物群系"，即 microbiome），皮瘤丝孢酵母菌（*Trichosporon inkin*）生长在我们的阴毛、睫毛和眉毛上。白色念珠菌是一种机会主义酵母菌，会在我们的口腔、结肠和生殖器官中引起感染。最近发现的一种叫作耳道假丝酵母（*Candida auris*）的酵母菌常常是致命的，因为它对抗真菌药物有耐药性。

一些酵母菌则生活在南极洲的土壤和业已干涸的湖泊中，这提醒着我们，真菌的适应性似乎没有穷尽。

另见词条：微型真菌（Microfungi）。

Zombie Ants

僵尸蚂蚁

僵尸蚂蚁是被线虫草属（*Ophiocordyceps*）真菌感染的蚂蚁，通常是单侧线虫草菌（*O. unilateralis*），其菌丝体会控制蚂蚁，就像木偶大师控制他的木偶。

这种真菌是子囊菌，它对蚂蚁的分类学"非常了解"，会释放不同的化学物质来控制不同种类的蚂蚁。这些化学物质作用于蚂蚁的神经网络。蚂蚁一旦被感染，就会像僵尸一样来回摆动，然后爬到附近的一棵树上，在那里将它的下颚固定在树叶或树枝上。从最初感染到产生子实体，时间一般为 4 ~ 10 天。

这种蚂蚁通常会挂在树的北侧，离地面至少 27 厘米高。这时时间基本在中午 12 点左右，温度在 20 ~ 30 摄氏度之间。这种时间和温度的特性似乎是为了让孢子落在真菌子实体下方的蚂蚁路径上，从而导致僵尸化过程重演。

线虫草属真菌的酶可以吞噬宿主的角质层，它们还会攻击蚱蜢、蜘蛛、甲

僵尸蚂蚁

虫、蝗虫（将它们的尾部变成孢子团）和许多其他节肢动物。和攻击蚂蚁时一样，它们会影响宿主的肌肉，但似乎会保留其大脑的功能，这意味着宿主即使能意识到这一切，但却无法改变自己的命运。

另见词条：冬虫夏草（Caterpillar Fungus）；苍蝇杀手（Fly Killers）

Zygomycetes

接合菌

之所以叫接合菌，是因为这类菌的菌丝能形成一座桥，中间有一个孢子（zygos 在希腊语中是"羁绊"的意思）。接合菌是一个极其多样化的真菌门，其成员并没有共同的形态特征。它们生产孢子的方法也不尽相同，有些孢子是无性繁殖，有些则是有性繁殖。一些接合菌是死亡有机物的分解者，比如毛霉目（Mucorales），水玉霉属真菌则生长在粪便上。毛菌纲（Trichomycete）真菌栖息在节肢动物的内脏中，靠其宿主摄取的食物为生。匍枝根霉和苍蝇杀手蝇虫霉则是接合菌。还有一种真菌叫作豌豆状

Pilobolus

水玉霉属

内囊霉（*Endogone pisiformis*），主要寄生在苔藓上，产生的子实体有时会被误认为松露。

在商业用途方面，腐乳是利用总状毛霉（*Mucor racemosus*）制作的，豆豉则是由经根霉属（*Rhizopus*）真菌发酵的黄豆制成的。在非商业层面，某些毛霉属和根霉属真菌会导致人类鼻窦感染，偶尔还会进入大脑。

这里应该指出的是，接合菌门最近被拆分成了两个门，即毛霉门（Mucoromycota）和捕虫霉菌亚门（Zoopagomycota），但由于大多数真菌学家继续使用"接合菌"这个词，本书也依旧使用它。

另见词条：伞菌霉（Bonnet Mold）；苍蝇杀手（Fly Killers）。

附录
Appendix

词条索引·按汉语拼音排序

J

K

L

M

参考文献
Selected References

Ainsworth，Geoffrey Clough. *Dictionary of the Fungi*. Commonwealth
    Mycological Institute，1971.

Arora，David. *Mushrooms Demystified*. Ten Speed Press，1986.

Benjamin，Denis. *Mushrooms: Poisons and Panaceas*. W. H. Freeman，
    1995.

Christensen，Clyde M. *The Molds and Man: An Introduction to Fungi*.
    University of Minnesota，1951.

Dugan，Frank. *A Conspectus of World Ethnomycology*. American
    Phytopathological Society，2011.

Findlay，W. P. K. *Fungi: Folklore，Fiction，and Fact*. Mad River Press，
    1982.

Hudler，George. *Magical Mushrooms，Mischievous Molds*. Princeton
    University Press，1998.

Kendrick，Bryce. *The Fifth Kingdom*. Focus，2017.

Letcher，Andy. *Shroom: A Cultural History of the Magic Mushroom*. Ecco，
    2007.

McNeil，Raymond. *Le grande livre des champignons du Quebec et de l'est* *du Canada. Éditi*ons Michel Quintin, 2006.

Money, Nicholas. *Mushroom*. Oxford University Press, 2011.

Moore, David. *Slayers, Saviours, Servants,* and *Sex: An Exposé of Kingdom Fungi*. Springer, 2001.

Moore-Landecker, Elizabeth. *Fundamentals of the Fungi*. Prentice-Hall, 1982.

Mueller, Gregory, Gerald Bills, and Mercedes Foster, eds. *Biodiversity of Fungi*. Elsevier Academic Press, 2004.

Petersen, Jens H. *The Kingdom of Fungi*. Princeton University Press, 2013.

Piepenbring, Meike. Introduction to Mycology in the Tropics. American Phytopathological Society, 2015.

Riedlinger, Thomas J., ed. The Sacred Mushroom Seeker. Timber Press, 1997.

Rogers, Robert. *The Fungal Pharmacy*. North Atlantic Books, 2011.

Schaechter, Elio. *In the Company of Mushrooms*. Harvard University Press, 1997.

Sinclair, Wayne, and Howard Lyon. *Diseases of Trees and Shrubs*. Cornell University Press, 2005.

Spooner, Brian, and Peter Roberts. *Fungi*. Collins, 2005.

Stamets, Paul. *Mycelium Running: How Mushrooms Can Save the World*. Ten Speed Press, 2005.

Stephenson, Stephen. *The Kingdom Fungi*. Timber Press, 2010.

Wasson, V. P. and R. G. Wasson. *Mushrooms, Russia, and History*. Pantheon Books, 1957.

后 记
Afterword

　　真菌是非常了不起的生物，但我们对它们了解甚少。例如，为什么某些真菌是黄色的，而有些是红色的，还有一些是白色的，另外一些是紫色的？它们是想吸引昆虫，还是向昆虫发出信息让它们滚开？又或者颜色只是代表其菌丝体化学物质的转移。为什么某些蘑菇会有神经活性？这可能并不是因为它们乐于让人类兴奋起来。

　　这些问题还没有真正的答案……真菌学是一门相对年轻的学科，而真菌却是如此复杂的生物体，它们（拟人化警报！）可能正在等待这门学科变得更加成熟，然后才会说出自己的秘密。

　　这本真菌百科的目标并不是提出大量真菌学问题。恰恰相反，我们的目标是为读者提供一个关于真菌的基本窗口，并在此过程中激发读者对所有真菌的好奇心，即使是那些令人讨厌的真菌。

致　谢
Acknowledgments

　　我要感谢以下人士多年来在真菌学上为我提供帮助：罗伯特·布兰切特，布里特·伯恩亚德，约翰·道森，弗兰克·杜根，居兹丽居尔·于达·埃约尔夫斯多蒂（Guðriður Gyða Eyjólfsdóttir），吉姆·吉尼斯，苏珊·戈德霍，戴维·希贝特，蒂纳·霍夫曼，伊凡娜·库塔曼诺娃，克里·克努森，已逝的理查德·科尔夫，已逝的加里·林科夫，琼·洛奇，戴维·马洛赫，尼古拉斯·莫尼，汤姆·默里，卡伦·康弘，比尔·尼尔，图奥莫·尼梅拉，安杰尔·尼夫斯-里韦拉，布赖恩·佩里，唐纳德·菲斯特，罗伯特·派尔，乔恩·瑞斯曼，已逝的山姆·里斯蒂奇，杰克·罗杰斯，大卫·罗斯，莱夫·里瓦

登，保罗·萨多夫斯基，埃利奥·谢克特，玛丽·西尔斯，保罗·史塔曼兹，简·桑希尔，卡罗尔·陶森，安德鲁斯·沃伊特，汤姆·沃尔克，约瑟夫·沃菲尔，以及哈佛大学法洛标本馆的工作人员。我还要感谢普林斯顿大学出版社的罗伯特·柯克，感谢他的编辑技巧，感谢劳雷尔·安德顿精妙的文字加工，以及出版社的各位读者。